化工类油气储运工程专业实验

沈本贤　　主　编

凌　昊　邹　滢　副主编

华东理工大学出版社
EAST CHINA UNIVERSITY OF SCIENCE AND TECHNOLOGY PRESS
·上海·

图书在版编目(CIP)数据

化工类油气储运工程专业实验/沈本贤主编. —上海:华东理工大学出版社,2014.7
ISBN 978-7-5628-3873-9

Ⅰ.①化… Ⅱ.①沈… Ⅲ.①石油与天然气储运—实验—教材 Ⅳ.①TE8-33

中国版本图书馆 CIP 数据核字(2014)第 066819 号

内 容 提 要

本书是高等院校化工类油气储运工程专业本科实验教学用书,内容涵盖 35 项实验,其中油气原料与产品基本性质的分析测定有 24 项,炼油化工综合实验有 11 项。教学实验所涉及的仪器、设备、方法等既体现传承理念,又努力与时俱进,尽可能地反映油气储运工程和石油化工工业相关分析测试实验技术新的发展水平,专业教学实验与专业工艺学的学习互相呼应,使实验内容能较好地适应科研生产的需要。

本书可以作为高等院校化工类油气储运工程相关或相近专业本科生、研究生的教材,也可作为油气储运、石油化工科研与工程技术人员的参考书。

化工类油气储运工程专业实验

主　　编 / 沈本贤
副 主 编 / 凌　昊　邹　滢
责任编辑 / 焦婧茹
责任校对 / 金慧娟
封面设计 / 肖祥德　裘幼华
出版发行 / 华东理工大学出版社有限公司
　　地　址:上海市梅陇路 130 号,200237
　　电　话:(021)64250306(营销部)
　　　　　　(021)64252344(编辑室)
　　传　真:(021)64252707
　　网　址:press.ecust.edu.cn
印　　刷 / 常熟新骅印刷有限公司
开　　本 / 787 mm×1092 mm　1/16
印　　张 / 11.25
字　　数 / 279 千字
版　　次 / 2014 年 7 月第 1 版
印　　次 / 2014 年 7 月第 1 次
书　　号 / ISBN 978-7-5628-3873-9
定　　价 / 28.00 元

联系我们:电子邮箱 press@ecust.edu.cn
　　　　　官方微博 e.weibo.com/ecustpress
　　　　　淘宝官网 http://shop61951206.taobao.com

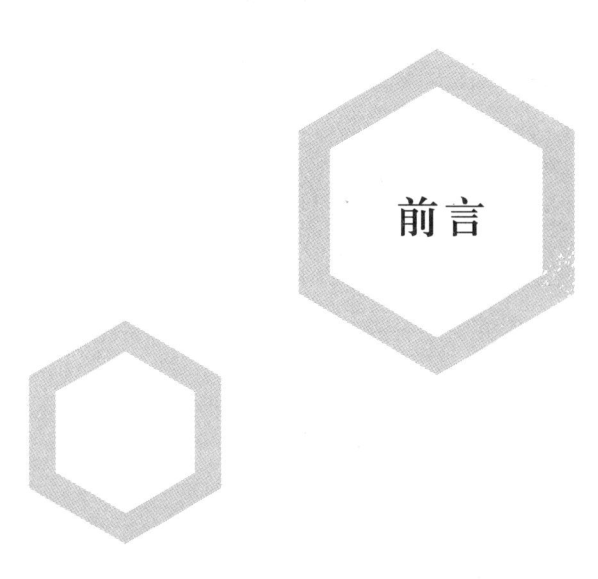

石油与天然气工业的迅速发展，拓宽了油气储运工程发展的空间。以化工方法解决油气储运工程中的问题，已逐步成为油气储运工程专业的特色之一。

在已有的化学、物理、基础技术相对应的实验基础上，作为化工特色鲜明的油气储运工程专业，在学生进入专业阶段学习时，应努力创造条件，使他们能动地获取与专业工艺学相呼应的石油与天然气基本性质和测定技术的知识，能动掌握油气储运与加工过程的实验基本技能和综合实验组织方法。这对于学生理论联系实际能力的培养，加强创新能力的训练，造就更多石油、化工高素质人才具有十分重要的意义。

本书汲取了兄弟高校以专业特色设置专业实验的经验，在参考中国石化石油化工科学研究院编写的《石油及其产品标准分析方法和实验方法》的基础上，经多年专业实验教学的实践与建设，形成了以化工方法解决油气储运工程问题为特色的专业实验内容。

本书涵盖实验共有 35 项，其中石油天然气与油品基本性质的分析测定实验有 24 项，着眼于进行专业实验基本操作、基本技术、基本素养的训练与提高；炼油化工综合实验有 11 项，主要涉及研究型、设计型、综合型实验，着眼于进一步提高动手能力、强化实验基本技能、端正严肃科学态度。本书力求在基本能力培养的基础上，注重团队合作精神、创新意识和创新能力的培养，适合油气储运工程（石油加工方向）等相关专业学生使用。上述实验项目内容，可根据实验条件、教学要求和学时数的情况，进行适当选择和调整。本书还对 HSE 管理基本知识、实验数据的误差分析与数据处理进行了必要介绍，让学生能理论联系实际，提高学生解决实际工程问题的能力。

本书的主编为沈本贤，副主编为凌昊、邹滢。参加本书编写的人员还有赵基钢、刘纪昌、孙辉、李少萍、马宏燎等。

本书涉及的实验项目得到了中华人民共和国教育部、财政部，中国石油化工股份有限公司，华东理工大学教务处、科技处等对专业实验建设的立项资助。在此一并表示衷心感谢！

限于编者的能力与水平，书中不足之处在所难免，恳请广大读者批评指正。

编　者

目录

第 1 章

HSE 管理基本知识

在建设资源节约型和环境保护型社会的过程中，作为化工类油气储运工程专业的学生有必要对健康、安全、环境体系进行了解。

1.1 HSE 简介

HSE 分别是英文“Health”“Safety”“Environment”的缩写，即“健康”“安全”“环境”。在工业发展初期，由于生产技术落后，人类只是对自然资源的盲目索取甚至是破坏性开采，而没有从深层次意识到这种生产方式对人类所造成的负面影响。国际上的重大事故引起了工业界的普遍关注，使人们深刻认识到石油、石化、化工行业是高风险的行业，必须更进一步采取有效措施和建立完善的健康、安全和环境管理系统，以减少或避免重大事故和重大环境污染事件的发生，从而对安全工作的深化发展与完善起到了巨大的推动作用。

由于对健康、安全和环境的管理在原则和效果上彼此相似，在实际过程中，三者之间又有着密不可分的联系，因此有必要把健康、安全和环境纳入一个完整的管理体系。健康、安全和环境体系的形成和发展是多年管理工作经验积累的成果，它体现了完整的一体管理思想。1974 年，石油工业国际勘探开发论坛(E&P Forum)建立，作为石油公司国际协会的石油工业组织，它组织了专题工作组，从事健康、安全和环境管理体系的开发。20 世纪 60 年代以前主要是体现安全方面的要求，在装备上不断改善对人们的保护，利用自动化控制手段使工艺流程的保护性能得到完善；70 年代以后，注重了对人的行为的研究，注重考察人与环境的相互关系；自

1980 年以后，逐渐发展形成了一系列安全管理的思想和方法。

1991 年，壳牌公司颁布健康、安全、环境（HSE）方针指南。同年，在荷兰海牙召开了第一届油气勘探、开发的健康、安全、环境（HSE）国际会议。1994 年在印度尼西亚的雅加达召开了油气开发专业的健康、安全、环境国际会议，HSE 活动在全球范围内迅速展开。HSE 管理体系是现代工业发展到一定阶段的必然产物，它的形成和发展是现代工业多年工作经验积累的成果。HSE 作为一个新型的健康、安全和环境管理体系，得到了国际上许多大公司的共同认可，从而成为现代公司共同遵守的行为准则。

美国杜邦公司是当今西方世界 200 家大型化工公司中的第一大公司，该公司在海外 50 多个国家和地区中设有 200 多家子公司，联合公司雇员约有 20 万人。杜邦公司推行 HSE 管理，企业经营管理和安全管理都达到国际一流水平。荷兰皇家壳牌石油公司是世界上四大石油石化跨国公司之一，该公司拥有员工约 43 000 人。1984 年该公司学习了美国杜邦公司先进的 HSE 管理经验，取得了非常明显的成效。英国 BP - Amoco 追求并实现出色的健康、安全和环境表现，对健康、安全和环境表现的承诺是该集团五大经营政策（道德行为、雇员、公共关系、HSE 表现、控制和财务）之一。BP 集团健康、安全和环境表现的承诺为：每一位 BP 的职员，无论身处何地，都有责任做好 HSE 工作。良好的 HSE 表现是事业成功的关键。目标是无事故，无害于员工健康，无损于环境。

1.2 HSE 的解释

健康是指人身体上没有疾病，在心理上（精神上）保持一种完好的状态。

安全是指在劳动生产过程中，努力改善劳动条件、克服不安全因素，使劳动生产在保证劳动者健康、企业财产不受损失、人民生命安全的前提下顺利进行。安全生产是企业一切经营活动的根本保证。

环境是指与人类密切相关的、影响人类生活和生产活动的各种自然力量或作用的总和。它不仅包括各种自然因素的组合，还包括人类与自然因素间相互形成的生态关系的组合。

健康、安全和环境管理体系（简称为 HSE 体系）是按规划（Plan）—实施（Do）—验证（Check）—改进（Action）运行模式来建立的，即 PDCA 模式，该模式由美国质量管理专家戴明提出，它是全面质量管理所应遵循的科学程序，故又名戴明循环。

1.3 HSE 管理的目的

HSE 管理的目的有如下几个方面：

（1）满足政府对健康、安全和环境的法律、法规要求；

（2）为企业提出的总方针、总目标及各方面具体目标的实现提供保证；

（3）减少事故发生，保证员工的健康与安全，保护企业的财产不受损失；

（4）保护环境，满足可持续发展的要求；

（5）提高原材料和能源利用率，保护自然资源，增加经济效益；

（6）减少医疗、赔偿、财产损失费用，减少保险费用；

（7）满足公众的期望，保持良好的公共和社会关系；

(8) 维护企业的名誉，增强市场竞争力。

1.4　HSE 管理体系的基本要素

HSE 管理体系的基本要素分为三部分：①核心和条件部分；②循环链部分；③辅助方法和工具部分。

1.4.1　核心和条件部分

(1) 领导和承诺：是 HSE 管理体系的核心，承诺是 HSE 管理的基本要求和动力，自上而下的承诺和企业 HSE 文化的培育是体系成功实施的基础。

(2) 组织机构、资源和文件：良好的 HSE 表现所需的人员组织、资源和文件是体系实施和不断改进的支持条件。它有 7 个二级要素。这一部分虽然也参与循环，但通常具有相对的稳定性，是做好 HSE 工作必不可少的重要条件，通常由高层管理者或相关管理人员制订和决定。

1.4.2　循环链部分

(1) 方针和目标：对 HSE 管理的意向和原则的公开声明，体现了组织对 HSE 的共同意图、行动原则和追求。

(2) 规划：具体的 HSE 行动计划，包括了计划变更和应急反应计划。该要素有 5 个二级要素。

(3) 评价和风险管理：对 HSE 关键活动、过程和设施的风险的确定和评价及风险控制措施的制定。该要素有 6 个二级要素。

(4) 实施和监测：对 HSE 责任和活动的实施和监测，以及必要时所采取的纠正措施。该要素有 6 个二级要素。

(5) 评审和审核：对体系、过程、程序的表现、效果及适应性的定期评价。该要素有 2 个二级要素。

(6) 纠正与改进：不作为单独要素列出，而是贯穿于循环过程的各要素中。

循环链是 PDCA 模式的体现，企业的健康、安全和环境方针、目标通过这一过程来实现。除 HSE 方针和战略目标由高层领导制定外，其他内容通常由企业的作业单位或生产单位为主体来制定和运行。

1.4.3　辅助方法和工具部分

辅助方法和工具是为有效实施管理体系而设计的一些分析、统计方法。由以上分析可以看出：

(1) 各要素有一定的相对独立性，分别构成了核心、基础条件、循环链的各个环节。

(2) 各要素又是密切相关的，任何一个要素的改变必须考虑到对其他要素的影响，以保证体系的一致性。

(3) 各要素都有深刻的内涵,大部分有多个二级要素。

1.5 HSE 管理体系的结构特点

按 PDCA 模式建立的 HSE 管理体系是一个持续循环和不断改进的结构,即“规划—实施—验证—改进”的结构。HSE 管理体系由若干个要素组成,关键要素有:领导和承诺,方针和战略目标,组织机构、资源和文件,风险评估和管理,规划,实施和监测,评审和审核等。以上各要素不是孤立的,在这些要素中,领导和承诺是核心;方针和战略目标是方向;组织机构、资源和文件作为支持;规划、实施、检查、改进是循环链过程。在实践过程中,管理体系的要素和机构可以根据实际情况作适当调整。

第2章

实验数据的误差分析与数据处理

数据的测定是科学研究和生产实践的基础。实践表明，每项实验都有误差，同一项目的多次重复测量结果总有差异：即实验值与真实值之间的差异。这是由实验环境不理想、实验人员技术水平参差不齐、实验设备与实验方法不完善等因素引起的。随着研究人员对研究课题认识的提高和所使用的仪器设备的不断完善，实验中的误差可以不断减少，但是不可能做到完全消除。一方面，必须对所测对象进行分析研究，事先估计测试结果的可靠程度，并对取得的数据给予合理的解释；另一方面，还必须将所测得数据加以归纳整理，用一定的方式表示出各数据之间的相互关系。前者即误差分析，后者为数据处理。

对实验结果进行误差分析与数据处理的目的在于：

(1) 根据科学实验的目的，合理选择实验装置、仪器、条件和方法；

(2) 正确处理实验数据，以便在一定条件下得到接近真实值的最佳结果；

(3) 合理选定实验结果的误差，避免由于误差选取不当造成人力、物力的浪费；

(4) 总结测定的结果，得到正确的实验结论，并通过必要的归纳整理(如绘成实验曲线或得到经验公式)，为验证理论分析提供条件。

2.1 测量值的误差

2.1.1 真值与平均值

1）真值。真值是指某物理量客观存在的确定值，它通常是未知的。由于测量仪器、测量方法、环境、人的观察力及测量程序等都不可能完美无缺，因而实验误差难以避免，故真值是无法测得的。当测量次数无限多时，根据正负误差出现概率相等的误差分布定律，取测量值的平均值，在无系统误差情况下，可以获得极为接近于真值的数值。故真值等于测量次数无限多时算出的平均值。但实际测定的次数都是有限的，由有限次数求出的平均值，只能近似地接近于真值，可称此平均值为最佳值，计算时可将此最佳值作真值用。在实际应用上常将精确度高一级的测量仪器所测得的测量值视为真值。

2）平均值。常用的平均值有以下几种。

（1）算术平均值。这种平均值最常用。设 $x_1,x_2,\cdots,x_n$ 代表各次的测量值，n 代表测量次数，则算术平均值为

$$\overline{x}=\frac{x_1+x_2+\cdots+x_n}{n}=\frac{\sum_{i=1}^{n}x_i}{n} \tag{2-1}$$

（2）均方根平均值。其定义为

$$\overline{x}_{均}=\sqrt{\frac{x_1^2+x_2^2+\cdots+x_n^2}{n}}=\sqrt{\frac{\sum_{i=1}^{n}x_i^2}{n}} \tag{2-2}$$

（3）几何平均值。其定义为

$$\overline{x}_{几}=\sqrt[n]{x_1\times x_2\times\cdots\times x_n} \tag{2-3}$$

以对数表示为

$$\lg\overline{x}_{几}=\frac{\sum_{i=1}^{n}\lg x_i}{n} \tag{2-4}$$

对一组测量值取对数，所得图形的分布曲线呈对称形时，常用几何平均值。可见几何平均值的对数等于这些测量值 x_i 的对数的算术平均值。几何平均值常小于算术平均值。

（4）对数平均值。在化学反应、热量与质量传递中，分布曲线多具有对数特性，此时可采用对数平均值表示量的平均值。

设有两个量 x_1 和 x_2，其对数平均值为

$$\overline{x}_{对}=\frac{x_1-x_2}{\ln x_1-\ln x_2}=\frac{x_1-x_2}{\ln\frac{x_1}{x_2}} \tag{2-5}$$

以上介绍了各类平均值，目的是要从一组测量值中找出最接近真值的量值。从以上介绍可知，平均值的选择主要取决于一组测量值的分布类型。在实验和科学研究中，数据的分布多属于正态分布，故多采用算术平均值。

2.1.2　误差的分类

误差是指测量值(也包括间接测量值)与真值之差。偏差是指测量值与平均值之差。在测量次数足够多时,测量误差与偏差很接近,习惯上常将两者混用。

根据误差的性质及产生的原因,可将误差分为系统误差、随机误差和粗大误差三种。

(1) 系统误差。它是由某些固定不变的因素引起的。在相同条件下进行多次测量,其误差的数值大小正负保持恒定,或误差随条件改变按一定规律变化。即有的系统误差随时间呈线性、非线性或周期性变化,有的不随测量时间变化。

系统误差的起因有:①测量仪器方面的因素:仪器设计上的缺陷,零件制造不标准,安装不正确,未经校准等。如用未校准而实重偏大的砝码称重,所得称重值总是偏小。再如,使用电子仪器时零点未经校正而造成固定偏向的误差。②环境因素:外界温度、湿度及压力变化引起的误差。③测量方法因素:近似的测量方法或近似的计算公式等引起的误差。④测量人员的习惯偏向或动态测量时滞后现象等。

总之,系统误差有固定偏向和确定的规律,一般可按具体原因采取措施给予校正或用修正公式消除。

(2) 随机误差。它是由某些不易控制的因素造成的。在相同条件下进行多次测量,其误差数值和符号是不确定的,即:时大时小,时正时负,无固定大小和偏向。随机误差服从统计规律,其误差与测量次数有关。随着测量次数增加,出现的正负误差可相互抵消。因此,多次测量值的算术平均值接近于真值。研究随机误差可采用概率统计方法。

(3) 粗大误差。它是与实际明显不符的误差,误差值可能很大,无一定规律。它主要由于实验人员粗心大意、操作不当而造成。此类误差只要操作人员认真细致地工作和加强校对即可避免,有时可采用某些准则来消除。

从以上讨论可知,系统误差和粗大误差是可以设法消除的。由于理论上及仪器、方法上所造成的系统误差往往超过随机误差许多倍,所以首先应该消除系统误差。随机误差是由于暂时未能掌握的某些因素造成的。如外界环境发生微小变化,装置中零件配合不稳定,操作人员读数不稳定等。随机误差是误差理论中的主要研究对象。

2.1.3　误差的表示方法

误差的表示方法有下列几种。

(1) 绝对误差与相对误差。测量值与真值之差的绝对值称为测量值的误差。为了区别后面将要介绍的各种误差,称此误差为绝对误差。

设测量值用 x 表示,真值用 X 表示,则绝对误差 D 为

$$D=|X-x| \tag{2-6}$$

即

$$X-x=\pm D$$

$$x-D\leqslant X\leqslant x+D \tag{2-7}$$

真值是未知的,计算时常用多次测量的平均值代替。如果某物理量的最大测量值 x_1 与最小

测量值 x_2 已知，则可通过下式求出最大绝对误差 D_{max}。

$$x_1=\overline{x}+D_{max}>X>\overline{x}-D_{max}=x_2$$

$$\overline{x}=\frac{x_1+x_2}{2}$$

$$D_{max}=\frac{x_1-x_2}{2} \tag{2-8}$$

也就是说，算术平均值 $\overline{x}$ 是最大绝对误差为 D_{max} 时之真值 X 的近似值。

【例 2-1】 已知炉中的温度不高于 1 150℃，不低于 1 140℃，试求其最大绝对误差 D_{max} 与平均值。

【解】 由式(2-8)可得平均温度 $\overline{T}=\frac{1\,150+1\,140}{2}=1\,145$(℃)。最大绝对误差 $D_{max}=\frac{1\,150-1\,140}{2}=5$(℃)，可写成炉温 $T=1\,145℃\pm5℃$。

某些情况下，绝对误差不能用来比较测量值之间误差的大小。譬如，测量电解槽中通过的电流值与测量半导体三极管基极的电流值时，误差均表示为毫安数量级。显然，对前者这是非常精确的，对后者则误差极大。因此，为了弥补绝对误差概念的不足，而引出相对误差概念。

绝对误差 D 与真值的绝对值之比，称为相对误差，它的表达式为

$$E_r=\frac{D}{|X|} \tag{2-9}$$

式中真值 X 一般为未知，用平均值代之。

如例 2-1，相对误差 $E_r=\frac{5}{1\,145}=0.004\,37\approx0.44\%$。

相对误差常用百分数或千分数表示，以适应不同精度的要求。

(2) 算术平均误差 δ。算术平均误差的定义为

$$\delta=\frac{\sum|x_i-\overline{x}|}{n}=\frac{\sum d_i}{n} \tag{2-10}$$

式中 n——测量次数；

x_i——测量值，$i=1,2,3,\cdots,n$；

d_i——测量值与算术平均值($\overline{x}$)之差的绝对值，$d_i=|x_i-\overline{x}|$。

式(2-10)应取绝对值，否则在一组测量值中，($x_i-\overline{x}$)值的代数和必为零。

算术平均误差的缺点是无法表示出各次测量之间彼此符合的情况。因此偏差彼此相近的一组测量值的算术平均误差，可能与偏差有大、中、小三种情况的另一组测量值相同。

(3) 标准误差 σ。标准误差亦称均方根误差。当测定次数为无穷多时，其定义为

$$\sigma=\sqrt{\frac{\sum D_i^2}{n}},D_i=|x_i-X| \tag{2-11}$$

对有限测量次数，标准误差可用下式表示：

$$\sigma=\sqrt{\frac{\sum d_i^2}{n-1}} \tag{2-12}$$

标准误差是目前常用的一种表示精度的方法。它不仅与一组测量值的每个数据有关,而且对一组测量值中的较大误差或较小误差很敏感,能较好地表明数据的离散程度。实验越精确,其标准误差越小,它是评定化工测量精确度的标准,故被广泛采用。

2.1.4　精密度、正确度和精确度

测量的质量和水平,可以用误差概念来描述,也可以用精确度等概念来描述。为了指明误差的来源和性质,通常用以下三个概念来描述。

(1) 精密度。精密度可以衡量某物理量几次测量值之间的一致性,即重复性。它可以反映随机误差的影响程度,精密度高则随机误差小。如果实验的相对误差为 0.01%且误差纯由随机误差引起,则可认为精密度为 10^{-4}。

(2) 正确度。正确度是指在规定条件下,测量中所有系统误差的综合。正确度高表示系统误差小。若实验的相对误差为 0.01%且误差纯由系统误差引起,则可认为正确度为 10^{-4}。

(3) 精确度。精确度表示测量中所有系统误差和随机误差的综合,因此,精确度表示测量结果与真值的逼近程度。若测量的相对误差为 0.01%,且误差由系统误差和随机误差共同引起,则可认为精确度为 10^{-4}。

对于实验或测量来说,精密度高,正确度不一定高;正确度高,精密度也不一定高。但精确度高必须是精密度与正确度都高。如图 2-1 所示,A 的系统误差小而随机误差大,即正确度高而精密度低;B 的系统误差大而随机误差小,即正确度低而精密度高;C 的系统误差与随机误差都小,表示正确度和精密度都高,即精确度高。

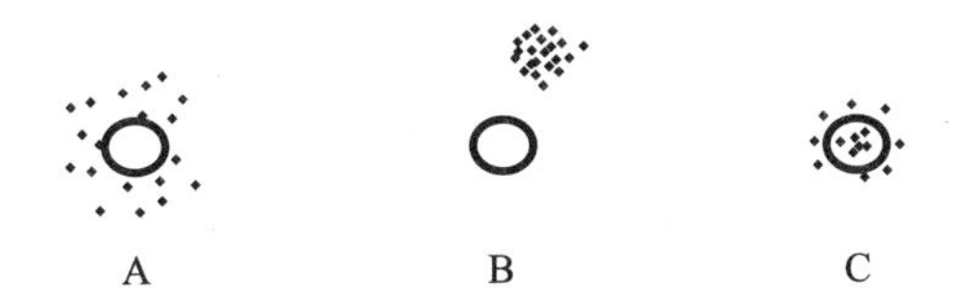

图 2-1　精密度、正确度、精确度含义的示意图

2.1.5　权与不等精度测量的平均值

一般测量基本上都属于等精度测量。在科学研究或高精度测量中,有时在不同测量条件下进行测量,如用不同的仪器、不同的测量方法、不同的测量次数及由不同测量者进行测量(称为不等精度测量),各测量值可靠程度不同,为了得到更精确的测量结果,应让可靠性大的测量值在最后结果中占的比例大一些,可用权的数值来区别这些测量值可靠程度的大小。这时,平均值应采用加权平均值$\overline{x}_{加}$。其定义为

$$\overline{x}_{加}=\frac{w_1x_1+w_2x_2+\cdots+w_nx_n}{w_1+w_2+\cdots+w_n}=\frac{\sum w_ix_i}{\sum w_i} \tag{2-13}$$

式中，$x_1, x_2, \cdots, x_n$ 为各测量值；$w_1, w_2, \cdots, w_n$ 为各测量值对应的权数。

当测量环境、仪器、方法和测量者水平相同时，重复次数越多，其可靠程度越大，这时确定权的最简单方法，是令权数 $w_1, w_2, \cdots$ 分别等于对应的测量次数。此时 $x_1, x_2, \cdots$ 分别代表各组的平均值。即：

w_1 次测量的平均值为 x_1；

w_2 次测量的平均值为 x_2；

……

w_n 次测量的平均值为 x_n。

如果各组测量的算术平均误差 δ 或标准误差 σ 为已知，则可按权数与误差平方成反比的原则求出权数。即：

$$\frac{\delta_1}{\delta_2}=\frac{\sigma_1}{\sigma_2}=\sqrt{\frac{w_2}{w_1}} \tag{2-14}$$

【例 2-2】 设在测量某一物体长度时，得到以下结果：$\overline{x}_1=1.53\text{mm}\pm0.06\text{mm}$，$\overline{x}_2=1.47\text{mm}\pm0.02\text{mm}$。试求其加权平均值。

【解】

$$\frac{w_1}{w_2}=\frac{\sigma_2^2}{\sigma_1^2}=\frac{0.02^2}{0.06^2}=\frac{1}{9}$$

$$\overline{x}_{加}=\frac{1.53\times1+1.47\times9}{1+9}=1.48$$

2.1.6 仪表的精确度与测量值的误差

1. 电工仪表等一些仪表的精确度与测量误差

这些仪表的精确度常采用仪表的最大引用误差和精确度等级来表示。仪表的最大引用误差的定义为

$$最大引用误差=\frac{仪表显示值的绝对误差}{该仪表相应挡次量程的绝对值}\times100\% \tag{2-15}$$

式中，仪表显示值的绝对误差指在规定的正常情况下，被测参数的测量值与被测参数的标准值之差的最大绝对值。对于多挡仪表，不同挡次显示值的绝对误差和量程范围均不相同。

式(2-15)表明，若仪表显示值的绝对误差相同，则量程范围越大，最大引用误差越小。

我国电工仪表的精确度等级有七种：0.1，0.2，0.5，1.0，1.5，2.5，5.0。如某仪表为 2.5 级，则说明此仪表的最大引用误差为 2.5%。

在使用仪表时，如何估算一次测量值的绝对误差和相对误差？

设仪表的精确度等级为 p 级，其最大引用误差为 $p\%$。设仪表的测量范围为 x_n，仪表的示值为 x_i，则由式(2-15)得该示值的误差为

$$\left.\begin{aligned}&绝对误差\ D\leqslant x_n\times p\%\\&相对误差\ E_r=\frac{D}{x}\leqslant\frac{x_n}{x_i}\times p\%\end{aligned}\right\} \tag{2-16}$$

式(2-16)表明：

(1) 若仪表的精确度等级 p 和测量范围 x_n 已固定，则测量的示值 x_i 越大，测量的相对误差越小。

(2) 选用仪表时，不能盲目地追求仪表的精确度等级。因为测量的相对误差还与$\frac{x_n}{x_i}$有关，应该兼顾仪表的精确度等级和$\frac{x_n}{x_i}$两者。

【例 2-3】　今欲测量大约 90V 的电压，实验室里有 0.5 级 0～300V 和 1.0 级 0～100V 的电压表，选用哪一种电压表测量较好？

【解】　用 0.5 级 0～300V 的电压表测量 90V 时的最大相对误差为

$$E_{r,0.5}=\frac{x_n}{x_i}\times p\%=\frac{300}{90}\times 0.5\%\approx 1.7\%$$

而用 1.0 级 0～100V 的电压表测量 90V 时的最大相对误差为

$$E_{r,1.0}=\frac{x_n}{x_i}\times p\%=\frac{100}{90}\times 1.0\%\approx 1.1\%$$

此例说明，如果选择恰当，用量程范围适当的 1.0 级仪表进行测量，能得到比用量程范围大的 0.5 级仪表更准确的结果。

2. 天平类仪器的精确度与测量误差

这些仪器的精确度用以下公式来表示：

$$\text{仪器的精确度}=\frac{\text{名义分度值}}{\text{量程的范围}} \tag{2-17}$$

式中，名义分度值指测量时读数有把握正确的最小单位，即每一个最小分度所代表的数值。例如 TG—328A 型天平，其名义分度值(感量)为 0.1mg，测量范围为 0～200g，则有

$$\text{天平精确度}=\frac{0.1}{(200-0)\times 10^3}=5\times 10^{-7}$$

若仪器的精确度已知，也可用式(2-17)求得其名义分度值。

使用这些仪器时，测量值的误差可用下式来确定：

$$\left.\begin{aligned}&\text{绝对误差}\leqslant\text{名义分度值}\\&\text{相对误差}\leqslant\frac{\text{名义分度值}}{\text{测量值}}\end{aligned}\right\} \tag{2-18}$$

3. 测量值的实际误差

由仪表的精确度用上述方法所确定的测量误差，一般总是比测量值的实际误差小得多。这是因为仪器没有调整到理想状态，如不垂直、不水平、零位没有调整好等，会引起误差；仪表的实际工作条件不符合规定的正常工作条件，会引起附加误差；仪器经过长期使用后，零件发生磨损，装配状况发生变化等，也会引起误差；还可能存在有测量者个人的习惯和偏向引起的误差；仪表所感受的信号实际上可能并不等于待测的信号；仪表电路可能会受到干扰。

总之，测量值实际误差大小的影响因素是很多的。为了获得较准确的测量结果，需要有较好的仪器，也需要有科学的作风和方法，以及扎实的理论知识和实践经验。

2.1.7 TLC/FID 法分析重油族组成的误差来源分析

TLC－FID 重油四组分分析具体内容参见“4.18 重油四组分的测定(TLC－FID 法)”实验。从测试内容来看,该分析方法误差原因主要包括薄层棒质量、扫描时间、称样量、样品稀释倍数及点样体积等方面的因素。

1. 薄层棒质量不稳定对分析精密度的影响及对策

本方法使用的薄层棒是专为 IATROSCAN 薄层色谱仪开发的,将无机烧结物及粒度很小的硅胶或氧化铝混合在一起,涂在石英棒上烧结,形成一个具有较大比表面积的薄吸收层,每次分析可同时使用 10 根薄层棒,由于其制造工艺及薄层棒本身使用寿命的原因,使得其在投用前因质量不合格或使用过程中损坏,而使得精密度变差甚至试验失败。图 2－2 所示为当一根薄层棒损坏或失效时,同一样品在 10 根薄层棒上两次分析的饱和烃数据。

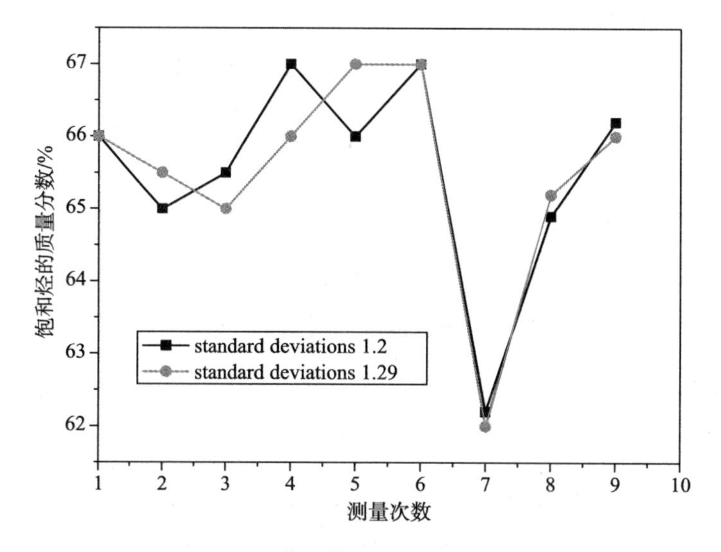

图 2－2 7 号薄层棒有质量问题的分析数据

由图 2－2 可以看出 7 号棒的数据明显异常而使得整组数据的标准偏差明显增大,对 7 号棒的可疑数据用 Grubbs 法对此数据进行检验,证实此数据确实异常需要舍弃。方法是:由置信度 95%、分析次数 10 查表得 $T_{0.95,10}=2.18$,按下式计算 T 值:

$$T=\frac{\overline{X}-x_7}{S}=2.34$$

式中 X——10 次测量的平均值;

x_7——7 号棒的实测值;

S——10 次测量的标准偏差。

由于 $T>T_{0.95,10}$,所以 x_7 应舍弃。由于 7 号棒的两次分析数据均异常,可以判定该棒有质量问题或失效。将此棒剔除,换新棒重新进行平行实验,数据正常。

分析与对策:对使用中出现异常数据的薄层棒,第一次要做出标识,若第二次仍出现异常,则必须将此棒剔除。对每批新投用的薄层棒必须先进行平行实验，验证其中没有薄层棒异常方可投入使用。

2. FID 扫描时间对分析准确度的影响及对策

根据 Padllog 等的研究，薄层棒上的样品通过 TLC/FID 扫描时，样品的响应值与以下两方面因素有关。

① 样品在氢火焰高温下引起的挥发损失。

② 样品在氢火焰中不能完全燃烧而引起的残留损失。

对于饱和烃，主要表现为挥发损失。理论上来讲，重油中饱和烃的相对分子质量(或沸点)越低，饱和烃组成的杂原子质量分数越低，饱和烃的挥发损失越大。而胶质、沥青质则随其相对分子质量增大和结构的复杂，主要表现为残留损失。扫描时间的调整一方面要保证各组分充分燃烧，另一方面要保证分析结果的准确性。对同一样品进行饱和烃质量分数与扫描时间关系试验，数据见图 2－3。

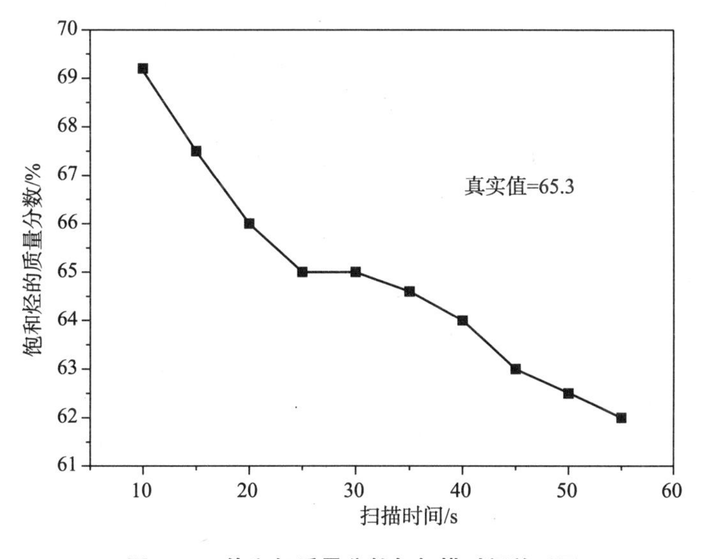

图 2－3　饱和烃质量分数与扫描时间关系图

从图 2－3 可以看出扫描时间的延长会造成易挥发的饱和烃挥发，使饱和烃结果偏低，当扫描时间为 25～35s 时，数据比较稳定，且接近真实值。

分析与对策：扫描时间对重油中各组分的相应值有较大影响，而且影响趋势因组分性质不同而各异，选取与真实值比对最为接近的扫描时间作为分析时的操作条件，加以固定。

3. 点样量不恒定对分析准确度的影响及对策

在样品质量的称量及稀释倍数都固定的情况下，点样体积恒定与否就是决定点样绝对量的唯一因素。虽然理论上面积归一化法定量，与样品量无关，但由于分析过程中的展开损失、检测器的线性范围，薄层棒的负荷，以及扫描过程中的挥发损失、残留损失都与薄层棒上所点样品的绝对量有关。对同一样品称样 0.5g 加水溶解制成 10mL 的溶液，进行饱和烃质量分数与点样体积关系试验，数据见图 2－4。

从图 2－4 中可以看出在质量分数较小的情况下，饱和烃质量分数随点样体积的增大而增加，原因是芳香烃、胶质、沥青质的质量分数较大，点样量增大，超出检测器的线性范围，而使其响

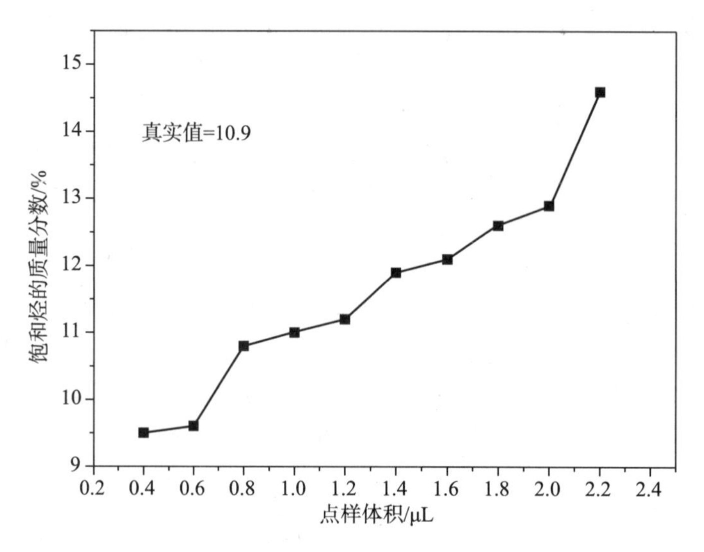

图 2-4 饱和烃含量与点样体积关系图

应值受到抑制造成，而 0.8μL～1.2μL 变化比较平缓，且接近真实值。

分析与对策：在样品质量以及稀释倍数都固定的情况下，虽然采用面积归一化法定量，点样体积对分析结果的准确度仍然有较大影响，所以要求所有薄层棒上的点样绝对量应保持严格一致。

4. 扩展剂纯度对分析准确度的影响及对策

以正庚烷为例，由于分析时使用多种试剂，容易使正庚烷受到污染，而正庚烷一旦受到甲苯的污染，则会使其对样品中芳香烃的溶解度急剧提高，使得样品中的一部分芳香烃随饱和烃一同从样品中分离出来，使得饱和烃质量分数急剧增加。以下为饱和烃质量分数与正庚烷中甲苯质量分数关系实验，以考察正庚烷纯度对分析结果的影响，数据见图 2-5。

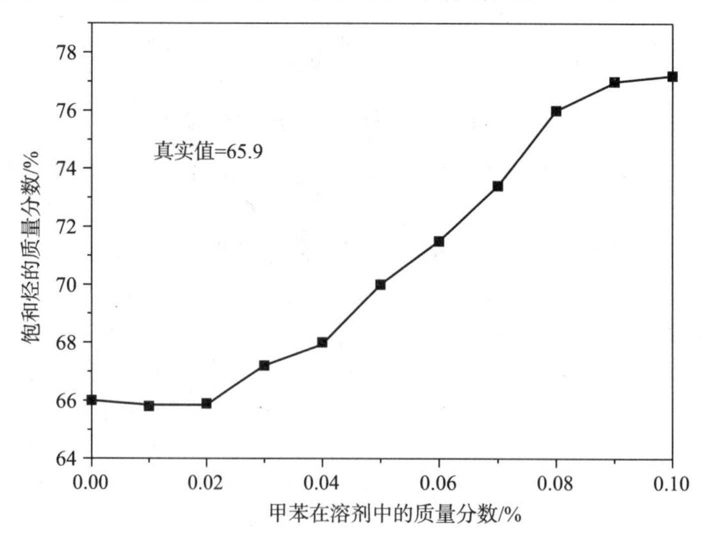

图 2-5 饱和烃含量与正庚烷中甲苯含量关系图

分析与对策：从图 2－5 中可以看出正庚烷中甲苯质量分数大于 0.02%就对分析结果产生很大影响，所以正庚烷纯度应严格控制，密切关注，甲苯质量分数应不大于 0.02%。

5. 样品不均匀对分析结果的影响及对策

由于样品中的饱和烃、芳香烃、胶质、沥青质各组分的密度不同，样品在熔化状态并静置一段时间后，会产生一定的分层现象，使样品不均匀，而取样量只有 0.5g，如果取样前样品没有充分搅拌均匀，则会使取样没有代表性。因此，样品放置一段时间后存在较明显的分层现象，取样前必须充分搅拌均匀。

通过以上分析可以看出，影响 TLC/FID 法的测量精确度因素较多，为了测量值和真实值有很好的一致性，保证分析准确度，必须及时剔除不合格的数据点，同时分析这些不合格数据点的产生原因，如失效的薄层棒、扫描时间过长、称样量过大、稀释倍数过小及点样体积过大等方面进行分析，获得合适的分析测试条件，并在此基础上进行优化，以获得理想的分析测试效果。

2.2　有效安全数字和实验结果数据的表示法

2.2.1　数字舍入规则

由于计算误差或其他原因，实验结果数值位数较多时，需将数字精确到所要求的位数，此时最好采用以下舍入规则。

(1) 若舍去部分的数值，小于保留数字末位的 0.5，则留下部分的末位不变。

(2) 若舍去部分的数值，大于保留数字末位的 0.5，则留下部分的末位加 1。

(3) 若舍去部分的数值，恰为保留数字末位的 0.5，则留下部分的末位凑成偶数，即末位为奇数时，加 1 变为偶数；末位为偶数时，则末位不变。

为便于记忆，这种舍入规则可简述为："小则舍，大则入，正好等于奇变偶。"

【例 2－4】 将下面左侧的数舍入到小数点后 3 位。

$$3.14159 \rightarrow 3.142$$
$$2.71729 \rightarrow 2.717$$
$$2.51050 \rightarrow 2.510$$
$$3.21567 \rightarrow 3.216$$
$$5.6235 \rightarrow 5.624$$
$$6.378501 \rightarrow 6.379$$
$$7.691499 \rightarrow 7.691$$

由于数字取舍而引起的误差称为舍入误差。舍入误差不大于 0.5 个"留下部分末位数字单位"，这 0.5 个"末位数字单位"即为舍入误差的极限误差。

采用以上舍入规则的目的是：使舍入误差变成随机误差而不成为系统误差。它较四舍五入法优越。四舍五入法见 5 就入，易使所得的数有偏大的趋势。若采用以上舍入规则，有一半的机会舍掉，有一半的机会进入，则会使舍入概率相等。

2.2.2 实验结果数据的表示法

总的要求是数值的大小和精度(误差)要同时给出。其表示方法有以下几种。

(1) 已知绝对误差,如

$$y=(6.325\pm0.075)\times10^{-8}$$

(2) 已知数据 n 次重复测量的标准误差 σ。设 $\sigma=0.011$,n 次重复测量的算术平均值 $\overline{L}$ 数值为 1.024,则作为最后实验结果数据,$\overline{L}$ 应表示为

$$\overline{L}=1.024\left(\pm\frac{\sigma}{\sqrt{n}}\right)=1.024\left(\pm\frac{0.011}{\sqrt{n}}\right)$$

式中,n 为重复测量的次数;$\frac{\sigma}{\sqrt{n}}$称为平均值的标准误差。

(3) 已知相对误差。设测量值为 $y=99.5$,其相对误差$\frac{\Delta y}{y}=0.006$,则作为最后实验结果数据,应表示为

$$y=99.5\times(1\pm0.006)$$

2.3 实验数据处理

2.3.1 实验曲线的绘制

实验数据图形标识法的优点是直观清晰,便于比较,容易看出数据中的极值点、转折点、周期性、变化率及其他特性。精确的图形还可以在不知道数学表达式的情况下进行微积分运算。整理实验数据可以按以下几个步骤来完成。

第一步工作是制表。文中出现的图、表、公式按照出现的顺序编号。当需要的数据不能从表中直接查出时,可采用插值法来计算。插值法中最简单的是线性插值法。不知所研究量的变化规律时,外推法是不可靠的。

第二步工作是按表中数据制作曲线。横坐标表示自变量,纵坐标表示因变量。坐标原点不一定为零,视具体情况而定。坐标分度应与实验数据的有效安全数字相符,即实验曲线的坐标读数的有效安全数字位数与实验数据的位数相同。考虑以上几点后,作出的图就能表示出 x 和 y 之间函数关系的固定形式,亦即在已知 x 和 y 的测量误差条件下,由同一组实验数据得出的函数关系式不因坐标比例的选择不同而改变。如果分度过粗或过细,又不考虑数据误差,就会歪曲图形而导致错误的结论。

将各离散点连接成光滑曲线时,应使曲线尽可能通过较多的实验点,或者使曲线以外的点尽可能位于曲线附近,并使曲线两侧点的数目大致相等。为了评定所作曲线的质量,应计算出曲线对实验数据的均方误差,均方误差越小,曲线的质量越高。

石油学报的投稿绘图体例要求如下,具体图例可参见图 2-6。

(1) 图件要精选、尽量简洁，避免所反映的内容相互重复或与正文重复，照片图必须清晰，层次分明，放大倍数(或比例尺)应清晰易辨。

(2) 图片直接插入论文中，写明序号和中、英文的图题。

(3) 要求图件规则、清晰，大小适宜(一般有 3 种规格：单栏图不超过宽 82mm×高 230mm，双栏图不超过宽 170mm×高 230mm，整页横卧图不超过宽 240mm×高 160mm；因版面有限，原则上可以单栏图表达清晰的插图不要使用双栏图或整页横卧图)。

(4) 图中文字采用宋体(中文)及 Times New Roman(西文)6 号或 5～7 磅，图中线条粗细一般采用 0.2 mm 或 0.1 mm。

(5) 图的下方必须标注出图序和图题。图题采用中英文对照，分图题、图注、图内文字均用英文，Times New Roman，图题小五号，其余六号。图注、图内文字首字母小写。

(6) 分图用(a)(b)等区分，分图题置于各分图下方。

(7) 坐标图尽量采用封闭图，端线尽量取在刻度线上。

(8) 横、竖坐标必须垂直，坐标刻度线的疏密程度要相近，刻度线朝向图内，去掉无数字对应的刻度线，不用背景网格线。标度数字尽量圆整，过大或过小时可用指数表示，如 10^2、10^{-2}。

(9) 坐标物理量尽量用符号表示，物理量与单位间用斜线。

(10) 凡涉及国界的图件必须绘制在地图出版社公开出版的最新地理底图上，平面图、剖面图、照片要有线段比例尺，图中相关符号如岩性符号等原则上均应有图例。

(11) 所有插图最好提供彩图，稿件录用后还需单独提供有关格式的图形文件：除照片、地震剖面等无法提供可编辑格式文件情况下要求提供 300 dpi 以上的 TIF 或 JPG 格式位图文件外，其他类型插图需提供采用 CorelDraw 12.0、Microsoft Office 2003(Excel/PowerPoint/Word 2003)软件编制的可编辑格式电子文件(不接受无法编辑的位图)；对于散点图、直方图等使用 Microsoft Office Excel 2003 编制的插图原则上要求提供 Excel 2003 格式(附带成图数据)的电子文件，其他类型可编辑插图文件原则上要求提供 CorelDraw 12.0 电子文件，如果确实没有 CorelDraw 12.0 电子文件，可提供 CorelDraw 12.0 兼容的 Microsoft Office PowerPoint/Word 2003 格式、*.emf、*.wmf、*.cgm 格式的可编辑电子文件。

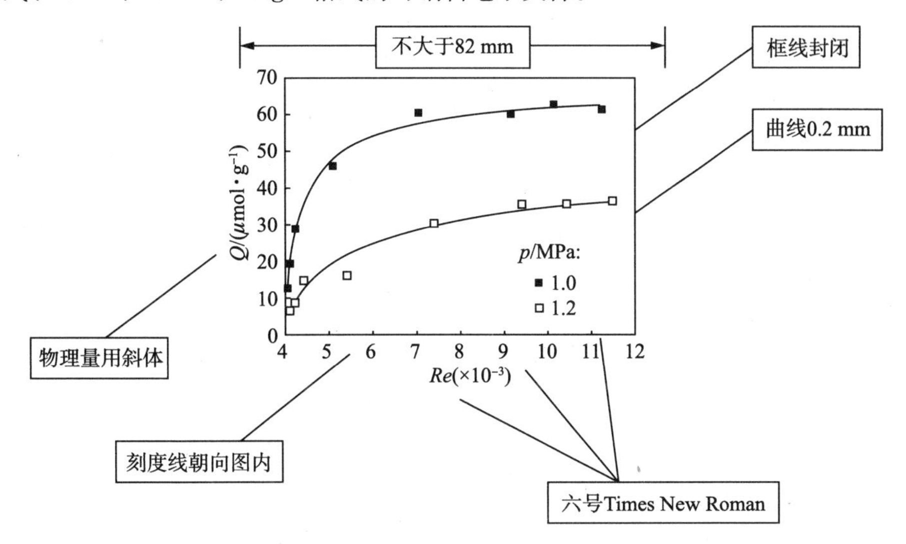

图 2-6　石油学报投稿图实例

2.3.2 坐标系的选择

最常用的坐标系是直角坐标系(又称笛卡儿坐标系),有时也用半对数坐标系或对数坐标系。半对数坐标系是按以下方法制成的:一个轴的标度按均分分度,另一个轴的标度是对数标度,如图 2-7 所示。

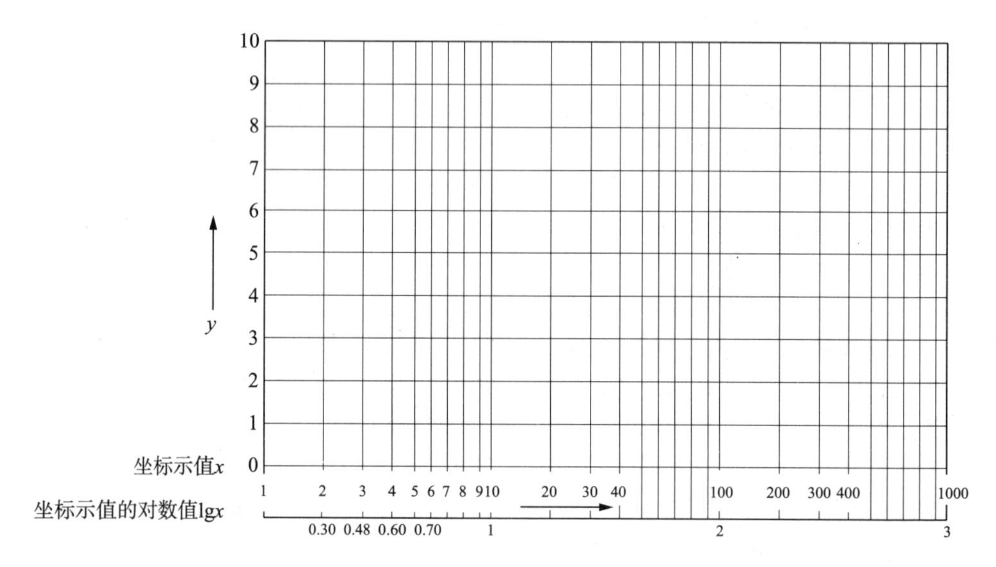

图 2-7 半对数坐标的标度法

横坐标表示对数坐标。在横轴上,点与原点的实际距离为该点示值的对数值。为了说明作图原理,设想作一条平行于横坐标轴的对数值线。由对数表得知:

$$\begin{cases} \lg 1 = 0 \\ \lg 2 = 0.30 \\ \lg 3 = 0.48 \\ \cdots\cdots \end{cases}$$

在 1,10,100,1000 等各点之间的实际距离是完全相同的,因为 1,10,100,1000 的对数分别为 0,1,2,3,相邻两对数之间相等;2,20,200 等相邻两数值的对数之差也彼此相等,都等于 1,如:

$$\begin{cases} \lg 2 = 0.3 \\ \lg 20 = 1.3 \\ \lg 200 = 2.3 \\ \cdots\cdots \end{cases}$$

对数坐标系则是由两个均以对数标度的坐标轴构成的。

由图 2-7 可知对数坐标的分度是不均匀的。

在下列情况下,建议用半对数坐标系。

(1) 变量之一在所研究范围内发生了若干个数量级变化。

(2) 在变量由零开始逐渐增大的初始阶段,当自变量少许变化会引起因变量极大变化时,此时用半对数坐标,曲线最大变化的范围可伸长,使图形轮廓清楚。

(3) 需要将某种曲线函数关系变换为直线函数关系。

在下列情况下，建议用对数坐标系。

(1) 所研究的函数 y 和自变量 x 均发生了几个数量级的变化。

(2) 需要将曲线开始部分划分成展开的形式。

(3) 与半对数坐标相同。

2.3.3　经验公式的图解法

数学公式表示变量之间的相互关系，不但简单，而且可使用计算机。在某些场合，可以根据理论推导或实际经验选定公式的类型。但有时由于知识水平所限，不能根据实验数据确定因变量与自变量之间函数关系的类型，此时可将待处理曲线进行对照，加以选择。其步骤如下。

1. 比较曲线的图形，选择公式的类型

通过比较，用实验数据标绘的曲线，与某种已知的典型函数曲线相似，就采用那种函数曲线的方程作为待定的经验公式。但实验曲线往往同时与几种已知的典型函数曲线相似，因此就有一个选择哪种经验公式更适宜的问题。

一般来说，应尽量选择便于线性化的函数关系，并进行线性化检验。所谓线性化就是将非线性函数 $y=\varphi(x,a,b)$ 转换成线性函数 $Y=A+BX$，其中 a、b 是待定常数；A、B 是 a、b 的函数；x、y 是实验数据点；X、Y 是 x、y 的函数。

至于所选经验公式是否合适，可选数个彼此相距较远的点(X、Y)在直角坐标系上作图，若作出的图形基本是直线，则可认为所选公式是合适的。若不是直线，说明所选曲线不合适，应重新选择经验公式，直至所绘曲线为一条直线。之所以要求直线，是为了在离散点图上，能方便而准确地画出所求经验公式所需的直线。

如

$$y=Kx^{b}\quad\text{(幂函数)}\tag{2-19}$$

取对数后，得

$$\lg y=b\lg x+\lg K\tag{2-20}$$

令 $\lg y=Y$，$\lg x=X$，$\lg K=a$(常数)则式(2-20)转化成

$$Y=bX+a\tag{2-21}$$

转化后，用对数坐标系标绘 $x-y$ 关系便可获得直线。

又如

$$y=K\mathrm{e}^{mx}\quad\text{(指数函数)}\tag{2-22}$$

取对数后，得

$$\lg y=m(\lg \mathrm{e})x+\lg K\tag{2-23}$$

令

$$\lg y=Y,x=X,m(\lg \mathrm{e})=a\text{(常数)},\lg K=b$$

则式(2-23)转化为

$$Y=aX+b \tag{2-24}$$

此时采用半对数坐标系(纵坐标为对数轴,横轴为普通轴)标绘 $x-y$ 数据亦可获得直线。

经过挑选和线性化检验合适后,下一步就需要确定公式中的常数,以得出完善的数学模型。

2. 确定公式中的常数值

凡可以在普通坐标系上把数据标绘成直线或经过适当变换后在对数坐标系上可化为直线时,均可采用直线图解法求常数,如图 2-8 所示。

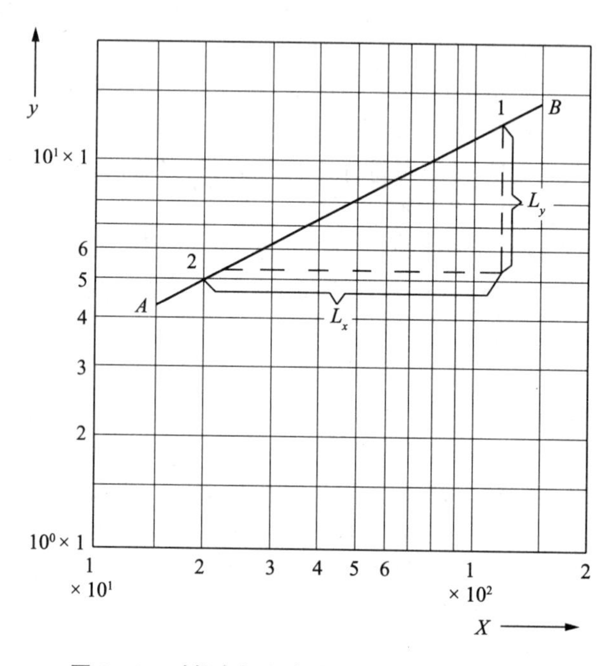

图 2-8　对数坐标上直线斜率和截距的图解法

如图 2-8 中的 AB,其方程原来的形式为 $y=Kx^b$,经线性化后变为 $Y=bX+a$。求直线斜率 b 有以下两种方法。

(1) 先读数后计算。即在标绘直线上读取两对 x、y 值,然后按下式计算:

$$b=\frac{\lg y_2-\lg y_1}{\lg x_2-\lg x_1} \tag{2-25}$$

应当特别注意的是由于对数坐标的示值是 x 而不是 X,故在求取直线斜率时,务必用式(2-25)而不能用 $b=\dfrac{y_2-y_1}{x_2-x_1}$。

(2) 先测量后计算。用直尺量出直线上 1、2 两点之间的水平及垂直距离,按下式计算:

$$b=\frac{1,2\text{ 两点间垂直距离的实测值 }L_y}{1,2\text{ 两点间水平距离的实测值 }L_x} \tag{2-26}$$

直线截距的求法:

在 $y=Kx^b$ 中,$x=1$ 时 $y=K$,因此系数 K 之值可由直线与平行于 y 轴且 $x=1$ 的直线交点的纵坐标确定。有时在图上找不到平行于 y 轴 $x=1$ 的直线,所以也常用下面的方法:由直线上任一已知点(例如点 1)的坐标和求出的斜率 b,按下式计算：

$$K=\frac{y_1}{x_1^b} \tag{2-27}$$

下列函数关系式,各含有两个变量、两个常数,并能线性化。它们可作为寻找线性化数学公式的参考：

$$y=ab^x \tag{2-28}$$

$$y=a\mathrm{e}^{bx} \tag{2-29}$$

$$y=ax^b \tag{2-30}$$

$$y=\frac{x}{a+bx} \tag{2-31}$$

$$y=\mathrm{e}^{(a+bx)} \tag{2-32}$$

第3章

天然气及液化气烟道气性质测定实验

3.1 天然气烃类组成分析(气相色谱法)

天然气是一种无色、无味、易燃、易爆、热值高的气体。洁净天然气的主要成分是甲烷,还含有少量的乙烷、丙烷和丁烷等,是低分子烃的混合物,此外还含有微量的硫化物、二氧化碳、氮气和氦气等非烃类杂质。天然气按甲烷质量分数的多少可分为干气和湿气,甲烷质量分数超过90%的,称为干气,甲烷质量分数低于90%的,称为湿气。洁净天然气是一种高效的环境友好的优质燃料,也是一种用途广泛的有机化工原料。

3.1.1 实验目的

(1) 掌握天然气的组成和性质;

(2) 了解气相色谱基本原理;

(3) 掌握气相色谱仪分析天然气烃类组成的方法。

3.1.2 原理和方法

气相色谱的分离原理是利用不同物质在固定相和流动相间具有不同的分配系数。当两相作相对运动时,试样中的各组分就在两相中作反复多次的分配,使得原来的分配系数只有微小差别的各组分产生很大的离析效果，从而将试样中各组分分离开来。以气体作流动相的色谱过程称为气相色谱。

1. 气相色谱分析仪

气相色谱分析仪的基本流程如图 3 - 1 所示，可分为三个部分：气流系统、分离系统、检测记录和数据处理系统。

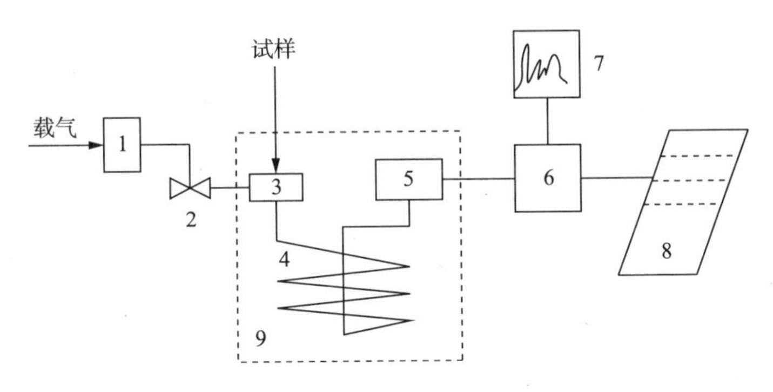

图 3 - 1　气相色谱分析仪的流程图

1—载气净化器；2—调节阀；3—进样器；4—色谱柱；5—检测器；
6—处理机；7—记录器；8—打印报告；9—色谱柱恒温箱

气相色谱的气流系统主要有控制载气、助燃气和燃烧气用的阀件，测量用的流量计、压力表及净化用的干燥管、脱氧管等。

气相色谱的分离系统包括分离用的色谱柱、进样器及色谱柱恒温箱和有关电气控制部件。柱箱的控温采用多阶程序升温设计，完全能满足优化分离的需要。

气相色谱的检测、记录和数据处理系统包括检测器、记录器、积分仪、微处理机及有关电气部件。

2. 氢火焰离子化检测器

氢火焰离子化检测器（Hydrogen Flame Ionization Detector，FID）是利用氢火焰作为电离源，使有机物电离并产生微电流后得到响应的检测器。FID 不仅对大多数有机化合物都有很高的灵敏度，而且 FID 具有对检测器所期望的许多特性，如动态线性范围大、稳定性好、灵敏度高及对于无机气体和水不敏感等。FID 为质量型检测器，其响应值与单位时间内进入检测器的有机碳元素质量成正比，而与待测物在载气中的质量浓度无关。FID 一般使用氢气为燃烧气，使用空气为助燃气，氢气和空气中的氧在检测器中的一个小喷嘴上燃烧，在有机物质由色谱柱进入氢火焰后即被电离，并被收集极收集。将收集到的离子流放大并记录在纸上就成为色谱图。

3. 定性方法

理论分析和试验证明，当固定相和操作条件严格固定不变时，每种物质都有确定的调整保留值，如保留时间。保留值一般不受共存组分的影响，可用作定性鉴定的指标。若待测组分的调整保留值与在相同条件下测得的纯物质的调整保留值相同，则初步认为它们属于同一种物质。

4. 定量方法

检测器的响应值（峰面积）大小与进入检测器的某组分的质量成正比，这是色谱定量分析的依据。在进行定量分析时需要准确测定峰面积，求出响应值，选择合适的定量计算方法。峰面积的测量直接关系到定量分析的准确度，目前通常都使用自动积分仪或微机对分析数据进行数学处理，自动显示分析结果。

烃类包括烷、烯、炔、芳烃，这些烃类在氢火焰离子检测器上的响应值很接近，因此，作烃类分析时，可以不考虑响应值的问题。当试样中所有的组分都能流出色谱柱，并在色谱图上显示色谱峰时，可以选择归一法作为定量计算方法。

3.1.3 仪器

（1）气相色谱仪：检测器为氢火焰离子化检测器。载气为高纯氮气，燃烧气为氢气，助燃气为空气，调节至适当的流量。

（2）色谱柱为 PLOT Al_2O_3 色谱柱，柱长 50m，内径 0.53mm，膜厚 20.0μm。

（3）色谱分析条件：柱温 50℃（5min）～150℃；升温速率 5℃/min；汽化温度 200℃；检测温度 200℃；进样量 40μL。

（4）微量进样器：100μL。

3.1.4 测试步骤

（1）打开载气钢瓶总阀，调节减压阀至适当压力、流量。

（2）开机预热，设定色谱分析参数。

（3）待色谱柱箱温度、进样器温度和检测器温度达到预设值后，调节空气和氢气流量，氢火焰离子化检测器点火。

（4）进样。用待测气体将 100μL 的微量进样器润洗 4～5 次，准确抽取 40μL 待测气体，从进样孔注入色谱仪气化室，并在注入的同时按下微机采样起始键和色谱程序升温起始键。

（5）分析。色谱柱箱执行程序升温，待测试样中的组分在色谱柱中分离，在计算机采样窗口中观察各组分的峰型。

（6）微机进行谱图处理，得出定性和定量分析结果。

（7）分析结束后，关闭氢气源，使氢火焰熄火。关闭柱箱、气化室和检测器的加热。待柱箱温度、气化室温度和检测器温度降至室温后，切断电源，关闭气源。

3.1.5 测试结果报告和精度要求

（1）记录天然气中各组分的保留时间，识别谱图中每个峰代表的组分。

（2）计算天然气中各组分的含量。

（3）关键组分的两个重复测试的结果之间的绝对误差小于 2%。

（4）取重复测试的两次结果的算术平均值作为天然气组成的分析结果。

3.1.6 注意事项

（1）收到待测气体后尽快进行分析，以免轻组分的挥发，造成测定误差。

（2）进样前需用待测气体对微量注射器润洗 4～5 次。

(3) 待测气体注入色谱仪气化室时要快速一次注入，以免色谱峰拉宽，造成相邻色谱峰重叠，使误差加大。

(4) 待测气体注入色谱仪气化室时，应同时按下微机采样起始键和色谱程序升温起始键。

3.1.7 思考题

(1) 色谱分离的原理是什么?

(2) 氢气、氮气、空气在色谱分析中分别起什么作用?

(3) 气相色谱仪常用的检测器有哪些? 简述氢火焰离子化检测器的工作原理。

(4) 天然气的组成有何特点?

(5) 天然气中各组分的出峰顺序与哪些因素有关?

(6) 为什么在分析天然气的组成时色谱柱箱需要升温?

3.2 天然气总硫含量（质量分数）测定(氧化微库仑法)

天然气中的硫化物分为无机硫化物和有机硫化物，无机硫化物主要是硫化氢，而有机硫化物主要是羰基硫、二硫化碳、噻吩，以及不同碳原子数的硫醇、硫醚等硫化物。大量的硫化物组分存在于天然气中，不仅在开采、处理和储运过程中会造成设备和管线腐蚀，而且用作燃料时也会造成环境污染，危害用户健康，用作化工原料时会导致加工催化剂中毒。因此总硫质量分数是天然气一个重要的控制指标。

3.2.1 实验目的

(1) 了解天然气中硫质量分数和硫化物的存在形式;

(2) 掌握氧化微库仑法测定天然气中的硫质量分数。

3.2.2 原理和方法

本方法采用氧化微库仑法测定天然气中的总硫质量分数。含硫天然气试样在900℃±20℃的石英转化管中与氧气混合燃烧，硫转化为二氧化硫，随氮气进入滴定池与碘发生反应，消耗的碘由电解碘化钾得到补充，根据法拉第电解定律，由电解所消耗的电量计算出试样中硫的质量分数，并用标样进行校正。

本方法的测定范围为1～1 000 mg/m^3，对于高于此范围的气体试样，可经稀释一定倍数后按照此方法测定，经换算得到原待测试样的总硫质量分数。

3.2.3 仪器和试剂

(1) 转化炉：带有三个独立加热段(燃烧段、预热段和出口段)或一个加热段(燃烧段)。

(2) 滴定池：滴定池中插入一对电解电极和一对指示-参比电极。

(3) 微库仑计:当二氧化硫进入滴定池,使池中碘浓度降低时,能自动(或手动)接触电解,使碘恢复到原来水平,并能自动记录电解时间和电流,根据电解时间和电流自动计算并显示出硫含量。微库仑计对 1ng 硫应有明显响应。

(4) 流量控制器。

(5) 电磁搅拌器。

(6) 配气瓶:容量为 2～3L 的圆底玻璃瓶,玻璃瓶尺寸见图 3-2。为了确保所配气体试样组成均匀,瓶中应置入 2～3 支四氟搅拌子。

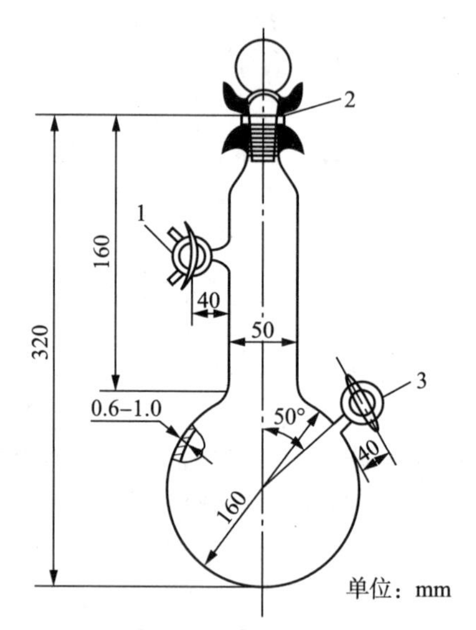

图 3-2 配气瓶结构和尺寸

1—三向两通真空活塞(内径 24,外径 32);2—19 号标准磨口;
3—直通高真空活塞(内径 24,外径 32)

(7) 医用注射器:0.25mL、1mL、2mL 和 5mL,各 1 支。

(8) 微量进样器:10μL,1 支。

(9) 容量瓶:25mL,1 个。

(10) 实验用水:蒸馏水或去离子水。

(11) 冰乙酸:分析纯或质量分数不低于 99.5%。

(12) 碘化钾:分析纯或质量分数不低于 98%。

(13) 正丙硫醇或甲硫醚:化学纯或质量分数不低于 98%。

(14) 二甲基二硫化物或噻吩:质量分数不低于 98%。

(15) 无水乙醇:无硫。

(16) 高纯氧气:纯度不低于 99.9%。

(17) 高纯氮气:纯度不低于 99.99%。

3.2.4 测试准备

1. 配制电解液

称取 0.5g 碘化钾，溶于已盛有 500mL 水的棕色瓶中，加入 5mL 冰乙酸，稀释至 1 000mL。

2. 配制液体标准样品

在 25mL 容量瓶中加入约 20mL 无水乙醇，用微量进样器准确注入适量二甲基二硫化物或噻吩，再用无水乙醇稀释至刻度，摇匀。按式(3-1)计算液体标准样中硫的含量：

$$S_0=\frac{V_1\times\rho\times 32.06\times n\times\omega\times 10^3}{M_r\times V_2} \tag{3-1}$$

式中　S_0——液体标准样中硫的含量，mg/L；

V_1——硫化物的体积，μL；

ω——硫化物的纯度，%；

ρ——硫化物的密度，kg/L；

n——硫化物分子中硫原子的个数；

M_r——硫化物的相对分子质量；

V_2——容量瓶体积，mL。

3. 仪器准备

(1) 按图 3-3 所示安装仪器，并连好氮气和氧气管线。

(2) 将转化炉燃烧区温度控制在 900℃±20℃，预热区和出口区温度控制在 800℃±20℃。

(3) 测试前向滴定池加入新鲜电解液，使液面高出电极 5～10mm。连续测定 4h 后更换一次，也可根据测试情况随时更换。

(4) 更换进样口上的硅橡胶垫，并将氮气和氧气流量分别调至 160mL/min 和 40mL/min。然后开启电磁搅拌器，调节搅拌速度，使电解液中产生轻微的旋涡。

(5) 将电位计指针调到仪器规定值，检查各操作参数。

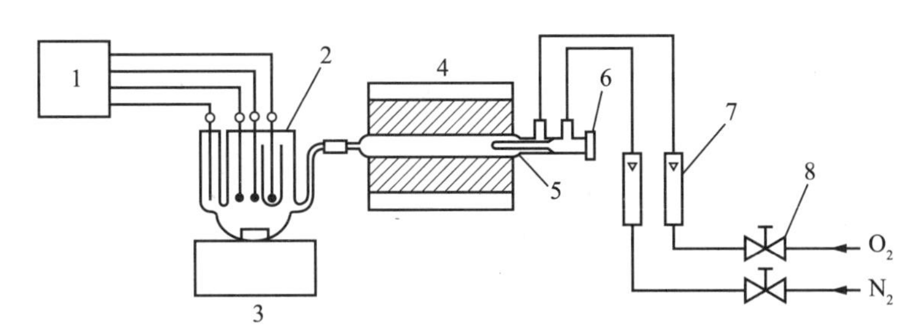

图 3-3　氧化微库仑硫测定仪的流程图

1—微库仑计；2—滴定池；3—电磁搅拌器；4—转化炉；5—石英转化管；6—进样口；7—流量计；8—针形阀

4. 测定硫的转化率

(1) 取样与进样。剧烈摇动气体标准样瓶 20～25min，用气体标样冲洗注射器 4～5 次，然后正式取样。取样时应让瓶内气体的压力将注射器芯子推到所需刻度，取样量为 0.25～5.0mL。注射器插入仪器进样口，使每毫升待测试样在 5～7s 内进完。对于液体标样，进样体积需用差减法计算。

(2) 滴定与读数。待电位计指针向低电位方向偏移(或显示的电位减少)后,反复接通、断开电解电流,使指针(或显示值)回复到初始状态。读取微库仑计显示的硫含量。重复测定三次,取平均值。

(3) 计算转化率。按式(3-2)计算标准样的硫转化率:

$$F=\frac{W_0}{S_0\times V_1}\times 100 \tag{3-2}$$

式中 F——硫的转化率,%;

W_0——测定读数,ng;

S_0——标准样中硫的含量,mg/m^3(气)或 mg/L(液);

V_1——硫化物的体积,mL(气)或 μL(液)。

3.2.5 测试步骤

(1) 待测气体取样。从气源管线取样时,应用待测气体充分吹扫取样管线。从取样瓶中取待测气体样品时,利用瓶内待测气体的压力冲洗注射器 4~5 次后正式取样。

(2) 待测气体进样。注射器插入仪器进样口,使每毫升待测试样在 5~7s 内进完。

(3) 待测气体测定。按 3.2.4 测试准备中 4.(2)规定的方法测定三次,取平均值,并记录室温和大气压力。

3.2.6 测试结果计算

1. 体积换算

湿基气体的体积换算按式(3-3)进行:

$$V_n=\frac{V\times(p-p_V)}{101.3}\times\frac{293.2}{273.2+t} \tag{3-3}$$

干基气体的体积换算按式(3-4)进行:

$$V_n=\frac{V\times p}{101.3}\times\frac{293.2}{273.2+t} \tag{3-4}$$

式中 V_n——气样计算体积,mL;

t——分析进样时的室温,℃;

p——分析进样时的大气压力,kPa;

p_V——温度 t 时水的饱和蒸气压,kPa;

V——进样体积,mL。

2. 待测气体中总硫质量分数的计算

待测气体中总硫质量分数按式(3-5)计算:

$$S=\frac{W}{V_n\times F} \tag{3-5}$$

式中　F——硫的转化率，%；

W——测定读数，ng；

S——气样中总硫质量分数，mg/m^3。

3.2.7　测试结果报告和精度要求

用重复测定的三次结果的算术平均值表作为天然气中硫质量分数的分析结果；按表 3－1 规定判断结果的一致性。

表 3－1　天然气硫质量分数测试各浓度范围的重复性要求

浓度范围/($mg \cdot m^{-3}$)	重复性/($mg \cdot m^{-3}$)
1～14	0.57
14～100	4.2
100～200	9.2
200～600	20.9
600～1 000	27.6

3.2.8　注意事项

（1）所配电解液的有效期为三个月，过期后应重新配制。

（2）液体标样的保存期应不大于 14 天。进行试样测定时，标准样的硫质量分数应与待测气样硫质量分数相当，需要时可对标准样进行稀释，以使其硫质量分数与待测气样硫质量分数相当。

（3）每天测试前应向滴定池加入新鲜电解液，或根据情况随时更换电解液。

（4）为了保证测试结果的准确性，应根据试样性质和仪器状况定期测定转化率。转化率不应低于 75%，否则应查明原因。

3.2.9　思考题

（1）表示天然气中的硫质量分数的单位通常有哪些？总硫质量分数以 mg/m^3 为单位有什么好处？

（2）在进行气体样品总硫质量分数测定时，哪些因素会对测定结果产生影响？

（3）定期更换电解液的目的是什么？定期测定转化率能够减少哪些测量误差？

（4）在配制硫化物标准样时，硫化物标准物质的选取应考虑哪些因素？

3.3 天然气中有机含硫化合物质量分数测定(GC-FPD法)

天然气中的有机含硫化合物主要有羰基硫(COS)、二硫化碳(CS_2)、噻吩,以及不同碳原子数的硫醇及硫醚等。有机含硫化合物的组成随气田的构造及气田所处区块的不同而存在明显差别。虽然天然气中有机含硫化合物的质量分数在总硫质量分数中所占的比例较小,但对脱硫后的天然气而言,其总硫质量分数则绝大部分是由有机含硫化合物贡献的。因此测定天然气中有机含硫化合物组成是监测和控制商品天然气总硫质量分数的一个重要手段,同时也是进行脱硫工艺技术开发和设计的基础。

3.3.1 实验目的

(1) 了解天然气中有机含硫化合物的存在形式及其质量分数;

(2) 掌握气相色谱-火焰光度法分析天然气中有机含硫化合物的质量分数。

3.3.2 原理和方法

本方法采用气相色谱(GC)结合火焰光度检测器(FPD)测定天然气中有机含硫化合物的质量分数,各种有机含硫化合物的测定范围在1～200mg/m^3,对于高于此范围的气体试样,可稀释一定倍数后按照此方法测定,经换算得到原待测试样的硫化合物质量分数。

气相色谱的原理和方法见“3.1　天然气烃类组成分析”。检测器采用火焰光度检测器(FPD)。FPD对硫化合物的检测原理是:硫化合物在氢火焰中裂解生成一定数量的硫分子,并且发出394nm的特征光谱,经干涉滤光片除去其他波长的光线后,用光电倍增管(PMT)把光信号转换成电信号,并放大10^5～10^6倍,记录仪记录下电信号。FPD检测器具有高的选择性和灵敏度。

3.3.3 仪器和试剂

(1) 气相色谱仪:采用火焰光度检测器。载气为高纯氮气,燃烧气为氢气,助燃气为空气。色谱柱为SE-30毛细管色谱柱,柱长30m,内径0.32mm,膜厚1.0μm。

(2) 配气瓶:按照“3.2　天然气总硫含量(质量分数)测定”中的规定。

(3) 医用注射器:0.25mL、1mL、2mL和5mL,各1支。

(4) 微量进样器:10μL、100μL,各1支。

(5) 容量瓶:25mL,1个。

(6) 羰基硫、甲硫醇、乙硫醇、异丙硫醇和正丙硫醇:化学纯或质量分数不低于98%。

(7) 无水乙醇:无硫。

(8) 高纯氢气:纯度不低于99.9%。

(9) 高纯氮气:纯度不低于99.9%。

3.3.4　测试准备

1）配制标准样品

标准样品可以是气体样品，也可以是液体样品。按照“3.2　天然气总硫含量(质量分数)测定”中规定的方法配制标准样。

2）色谱仪准备

(1) 开载气钢瓶，调节至适当压力、流量。

(2) 开机预热，设定色谱分析参数：检测器温度 250℃，气化室温度 250℃，温度程序：50℃下保持 3min，然后以 3℃/min 升至 150℃，保持 1min。

(3) 待柱箱温度、气化室温度和检测器温度达到预设值后，调节空气和氢气流量，氢火焰点火。

3）标准样品取样与进样

剧烈摇动气体标样瓶 20～25min，用气体标样对 100μL 微量注射器润洗 4～5 次，然后正式取样。准确抽取 50μL 气体标样，从进样孔注入色谱仪气化室，在注入同时按下计算机采样起始键和色谱程序升温起始键。

对于液体标准样，进样体积需用差减法计算。

4）标准样品分析

色谱柱箱执行程序升温，标准样品中的组分在色谱柱中分离，在微机采样窗口中观察各组分的峰型。

5）微机进行标准样品谱图处理

6）绘制标准曲线

根据标准样品的色谱分析结果，在双对数坐标上绘制各硫化合物色谱峰高 H 和标样浓度 c 的关系曲线，拟合曲线可得各硫化物浓度与色谱峰高响应值的关系式见式(3-6)，确定式(3-6)中的常数 A 和 B。所得的各有机含硫化合物色谱峰高的自然对数与硫化合物浓度的自然对数应呈现良好的线性关系，相关系数应在 0.95 以上。

$$c=\exp(A\ln H+B) \tag{3-6}$$

式中　c——试样中的硫化合物浓度，mg/m^3；

H——峰高，μV；

A、B——拟合常数。

3.3.5　测试步骤

(1) 色谱仪准备，同 3.3.4　测试准备 2)。色谱分析条件与分析标准样品时相同。

(2) 取样。从气源管线取样时，用待测气体充分吹扫取样管线。从气瓶取样时，用待测气体对 100μL 微量注射器润洗 4～5 次。准确抽取 50μL 待测气体。

(3) 进样。待测气体从进样孔注入色谱仪气化室，在注入气化室的同时，按下微机采样起始键和色谱程序升温起始键。

(4) 分析。色谱柱箱执行程序升温,试样中的组分在色谱柱中分离。

(5) 微机进行试样谱图处理。

(6) 定性组分。色谱分析条件不变时,每种物质都有固定的保留时间。对照标准样品的保留时间,确定待测气体谱图上各个峰对应的硫化合物。

(7) 定量组分。根据谱图上各有机硫化合物的峰高,由式(3-6)计算各有机含硫化合物的浓度。

(8) 分析结束后,关闭氢气源,使氢火焰熄火。关闭柱炉、气化室和检测器加热。待柱箱温度、气化室温度和检测器温度降至室温后,切断电源,关闭气源。

3.3.6 测试结果报告和精度要求

(1) 识别谱图中每个峰代表的有机含硫化合物。

(2) 计算天然气中各有机含硫化合物的质量分数。

(3) 取重复测定的三个结果的算术平均值作为天然气中有机含硫化合物质量分数的分析结果。

(4) 重复分析结果的相对标准偏差应不大于5%。

3.3.7 注意事项

(1) 测试过程中所取天然气样品,尤其是经湿法净化处理后的样品,由于在处理过程中可能带入少量O_2,为避免有机含硫化合物组成发生变化,应尽快分析。

(2) 气体标准样应现配现用,液体标准样的保存期应不超过14天。标准样品的有机含硫化合物质量分数应与待测气样质量分数相当,需要时可对标准样进行稀释以使其质量分数与待测气样质量分数相当。

(3) 为了降低色谱柱对有机含硫化合物吸附所引起的分析结果的偏差,每次色谱重新开机时,在进行试样分析之前,应用含一定浓度的有机含硫化合物样品重复进样,待两次分析结果中有机含硫化合物的色谱峰高基本一致时再开始测定。

(4) 气体和液体取样器具应单独使用,避免混用,气体取样器具应避免沾污有机液体。

(5) 当使用具有金属拉杆的微量注射器对样品取样分析时,微量注射器可能在使用过程中因为硫化合物的腐蚀而导致密封性变差,因此应定期对其密封性进行检查。

3.3.8 思考题

(1) 常见的用于分析硫化合物的检测器有哪些?

(2) FPD检测器检测硫化合物的原理是什么?FPD检测器有何优势和缺点?

(3) 有机含硫化合物样品在进行稀释时应注意哪些问题?

(4) 对与气体样品直接接触的取样和进样器具有哪些要求?

(5) 当某一种有机含硫化合物标样暂时无法获取时,可以采取怎样的定性和近似定量方法?

附录:天然气中有机含硫化合物的气相色谱图(图 3-4)

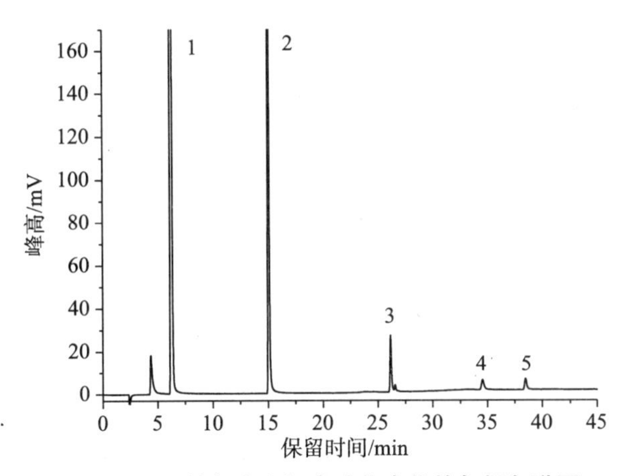

图 3-4　天然气中有机含硫化合物的气相色谱图

1—COS;2—甲硫醇;3—乙硫醇;4—异丙硫醇;5—正丙硫醇

3.4　天然气中 CO_2 质量分数测定(气相色谱法)

CO_2 广泛存在于天然气中。CO_2 的存在给天然气的输送和深加工带来许多危害,如在有水存在的情况下,天然气中的 CO_2 会对设备、管道等造成严重的腐蚀。在天然气深冷加工的时候,会使温度降到极低,天然气中含有的 CO_2 则会变成固体干冰,造成深冷设备的堵塞,影响深冷加工的正常操作。此外,天然气中含有过多的 CO_2 会降低天然气的热值和管输能力。

3.4.1　实验目的

(1) 了解天然气中 CO_2 的质量分数及其危害性;

(2) 掌握气相色谱-热导池法分析天然气中 CO_2 的质量分数。

3.4.2　原理和方法

本方法通过让一定量的待测气体和等量的标样气体在相同色谱操作条件下通过同一色谱柱,使 CO_2 与天然气中其他组分得到有效的分离,用热导池检测器检测并记录色谱峰的峰值(峰高或峰面积)。通过定量比较待测气体和标样气体色谱峰的峰值,计算出待测天然气中 CO_2 的质量分数。

3.4.3　仪器和试剂

(1) 气相色谱仪:采用热导池检测器,配有双气路和气体定量进样装置,以及色谱数据处理机。

色谱柱为微球 GDX—104(40～60 目)的填充柱，内径 3mm，长 8m。

气体定量进样装置由六通阀和定量管组成，定量管容量分为 0.2mL、0.5mL、1mL、2mL 四种。

(2) 医用注射器：0.5mL、1mL、2mL、100mL，各 1 支。

(3) 注射针：3～5 号。

(4) 氢气：纯度不低于 99.9%。

(5) 气体标样：在氮气或甲烷中混入 CO_2，其 CO_2 的质量分数与待测气体中 CO_2 的质量分数之差不大于标样质量分数值的 20%。质量分数越高，相对差值应越小。

3.4.4 测试准备

1. 色谱仪准备

(1) 开载气钢瓶，调节至适当压力、流量。载气为氢气，流量为 30mL/min。

(2) 开机预热，设定色谱分析参数：气化室温度为室温，柱箱温度 100℃，检测器温度 110℃，桥流 125mA。

(3) 待柱箱温度和检测器温度达到预设值，色谱数据处理机中基线走直后，进样分析。为提高进样的重复性，应优先选用气体定量进样装置。

2. 气体标样定性分析

转动六通阀，将定量管中的气体标样吹入气化室，或用注射器将气体标样快速注入气化室，与此同时按下色谱数据处理机的采样起始键。根据气体标样中 CO_2 含量的多少，调整信号衰减，使色谱数据处理机记录下完整的色谱峰。确定各色谱峰的保留时间及对应的组分。

3. 气体标样定量分析

在气体标样的色谱图上，确定 CO_2 色谱峰的峰值。峰值的大小对应着气体标样中 CO_2 含量的多少。用多次平行测试结果的平均值作为气体标样的定量分析结果。

4. 绘制标准曲线

根据待测气体中 CO_2 含量的变化范围，配制 3～5 个气体标样。在相同的色谱操作条件下，分别注入相同量的气体标样，测定 CO_2 色谱峰的峰值。以峰值对 CO_2 含量绘制标准曲线。标准曲线需每月用标样核查一次。

3.4.5 测试步骤

1) 色谱仪准备，同 3.4.4　测试准备 1)。色谱分析条件与分析气体标样时相同。

2) 取样。采用气体定量进样装置或注射器进样，定量管体积为 0.25～2mL，取样量根据待测气体中 CO_2 的浓度进行选择，见表 3 - 2。

3) 进样。在待测气体注入色谱仪气化室的同时，按下色谱数据处理机的采样起始键。

4) 分析。待测气体中的组分在色谱柱中分离。

5) 色谱处理机进行谱图记录与处理。

6) 定性 CO_2。对照气体标样的色谱图和 CO_2 的保留时间，确定待测气体色谱图上 CO_2 对应的色谱峰。

表 3-2　待测气体取样量选择

待测气体中 CO_2 的浓度/%	取样量/mL
<1	2
1~2	1
2~10	0.5
10~50	0.2
>50	0.1

7) 定量 CO_2 的质量分数。

(1) 当待测气体中 CO_2 含量变化不大时,采用标样定量法。待测气体中 CO_2 的含量 φ_i(以体积分数表示)按式(3-7)计算:

$$\varphi_i=\varphi_s\cdot\frac{A_i}{A_s} \tag{3-7}$$

式中　φ_s——气体标样中 CO_2 的浓度,%(体积分数);

A_s——气体标样中 CO_2 的色谱峰峰值;

A_i——待测气体中 CO_2 的色谱峰峰值。

(2) 当待测气体中 CO_2 含量变化比较大时,使用标准曲线法定量。根据待测气体色谱图上 CO_2 对应的色谱峰的峰值从标准曲线上查出待测气体中 CO_2 的浓度。

8) 分析结束后,关闭柱箱、检测器的加热。待柱箱温度和检测室温度降至室温后,切断电源,关闭气源。

3.4.6　测试结果报告和精度要求

(1) 记录各组分的保留时间,识别谱图中每个峰代表的组分。

(2) 计算待测天然气中 CO_2 的含量。

(3) 取重复测定的两个结果的算术平均值作为天然气中 CO_2 含量的分析结果。所得结果大于或等于 1%时,保留三位有效数字,小于 1%时保留两位有效数字。

(4) 两次重复测试结果之差不应大于表 3-3 中规定的数值。

表 3-3　两次重复测定允许误差

浓度范围/%	允许差(较小测得值的)/%
<1	10
1~10	5
>10	2

3.4.7 注意事项

(1) 配置的气体标样应现配现用,避免放置过长时间。

(2) 采用注射针进样时,正式取样前需先用待分析气体对注射器润洗 4~5 次。进样时应快速一次注入。

(3) 采用气体定量进样装置进样时,正式取样前需用待分析气体充分置换取样管线内的残留气体。在取样时,取样过程中取样管线内不应有凝液出现,取样口的位置应选择在主管线的气体流动部位,以保证样品的代表性。

3.4.8 思考题

(1) 取样过程对分析结果可能产生哪些影响?

(2) 测定过程中影响测定结果的因素主要有哪些?如何消除这些因素的影响?

(3) 商品天然气中二氧化碳的含量有何要求?

(4) 与其他测定方法相比,本方法的优势和缺点主要有哪些?

附录:用气相色谱法(热导池检测器)测定天然气中 CO_2 的色谱图(图 3-5)

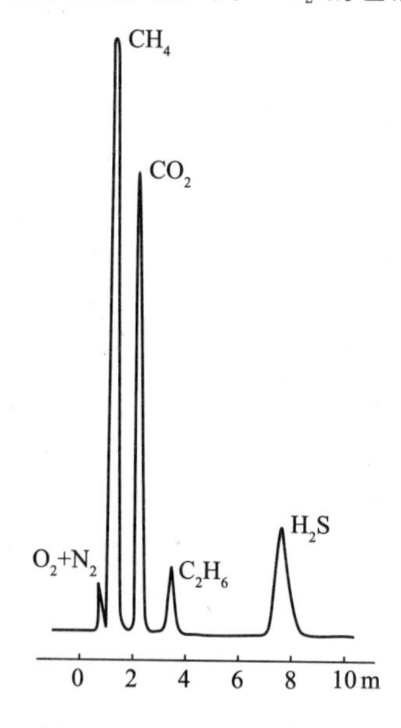

图 3-5 天然气的气相色谱图

3.5 液化石油气的铜片腐蚀实验

液化石油气来源于石油炼制过程,如常减压蒸馏、催化裂化、焦化等。炼厂加工含硫原油时,其产品液化石油气中势必会存在硫化合物的分解产物,主要是 H_2S,也有有机硫化合物如羰基硫

(COS)、甲硫醇(CH_3SH)等，它们会对加工和储存设备(管线、容器等)产生腐蚀，而在作为燃料使用时，硫化合物转化成为 SO_x 污染环境。为此，我国液化石油气标准中对总硫的含量作出了规定。但是，硫含量不能准确地反映实际应用场合中液化石油气对设备的腐蚀倾向，因此，需要用铜片实验来评价液化石油气对设备的腐蚀性。我国液化石油气标准中规定铜片腐蚀的级别小于1级。

3.5.1　实验目的

(1) 了解液化石油气中含硫化合物的腐蚀性；

(2) 掌握铜片腐蚀实验的原理和方法。

3.5.2　原理和方法

将一块按标准方法磨光的铜片全部浸入装有已被水饱和的液化石油气试样中，在适宜压力和 40℃温度下放置 1h。到达规定时间后取出铜片，与铜片腐蚀标准色板比较，判断腐蚀级别，以评价液化石油气的腐蚀性。

3.5.3　仪器和试剂

(1) 铜片腐蚀试验圆筒。试验圆筒由不锈钢制成，容量约为 160mL，如图 3－6 所示。圆筒应能经受约 7.0MPa 的静压试验，且能保证当圆筒内气体试验压力达到约 3.5MPa 时无泄漏。

(2) 恒温水浴，控温范围：室温～100℃；控温精度：±0.1℃。

(3) 水银温度计，量程范围：0～100℃，分度值为 0.1℃。

(4) 镀镍镊子。

(5) 洗涤溶剂。洗涤铜片的溶剂应选用不含硫的易挥发有机溶剂，可采用分析纯的异辛烷。

(6) 铜片。铜片规格为：长 50mm×宽 25mm×厚 2.0mm，由表面平滑淬硬、冷轧的纯度为 99.9%以上的电解铜制成。离铜片末端中心 3.0mm 处钻一个直径为 3.0mm 的孔。

(7) 砂纸和脱脂棉。打磨铜片所用的砂纸为 65μm(240 粒度)规格的碳化硅或氧化铝(刚玉)砂纸和 105μm(150 目)规格的碳化硅或氧化铝(刚玉)砂粒。擦拭铜片采用药用脱脂棉。

(8) 无灰滤纸。

3.5.4　测试准备

1. 测试用铜片的表面准备

先用 105μm 碳化硅或氧化铝(刚玉)砂纸除去铜片所用六个面上的全部瑕疵，然后用 65μm 的碳化硅或氧化铝(刚玉)砂纸除去铜片上的痕迹，将铜片浸于洗涤溶剂中，供直接取出作最后磨光或储存备用。

2. 测试用铜片的磨光

用镊子从洗涤溶剂中取出铜片。手指拿住铜片时需用无灰滤纸保护。以几滴洗涤溶剂润湿

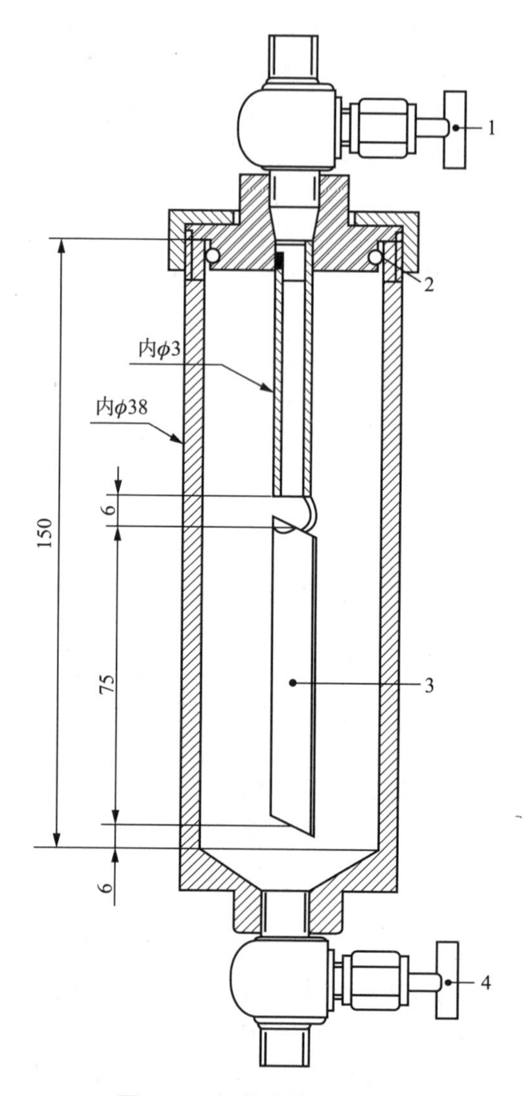

图 3-6 铜片腐蚀试验圆筒

1—6mm 的针型阀 A;2—氯丁橡胶 O 形密封圈;3—铜片;4—6mm 的针型阀 B

脱脂棉,从清洁的玻璃板上蘸起 105μm 的碳化硅或氧化铝(刚玉)砂粒,首先磨光两端,然后磨光侧面,再用新鲜脱脂棉用力擦。接着将铜片夹在夹具上,并用脱脂棉蘸起 105μm 的砂粒磨光所用表面,再以新鲜脱脂棉用力擦净铜片,直至用一新鲜脱脂棉拭擦时保持洁净为止。最后磨光时,必须沿着铜片的长轴中心线摩擦,在反向磨光之前,行程要超过铜片的末端。

3.5.5 测试步骤

(1) 打开试验圆筒的底阀 B,注入约 1mL 蒸馏水至圆筒中,旋转圆筒以使蒸馏水充分湿润筒壁,残液从 B 阀排出。

(2) 用镊子夹住新磨光的铜片,立即挂到圆筒上密封盖的挂钩上,并放入筒中保持筒体垂直且确保铜片底边距离筒底至少6mm。仪器装配好后，把A阀和B阀关上。

(3) 保持圆筒垂直，使铜片不被水打湿，用经试样冲净的连接软管及其配件将装试样的容器与试验圆筒的A阀紧密连接。先打开装试样的容器的阀门然后打开圆筒上的A阀，将试样引入圆筒。

(4) 关闭A阀，勿使试验圆筒脱离试样容器。倒转试验圆筒并打开B阀，清除试验圆筒中的空气，关闭B阀。再把试验圆筒转回到垂直状态，打开B阀，把所有残液排出。在垂直状态时立即把B阀关闭，重新打开A阀，使试样充满试验圆筒。在试验圆筒已充满后，关闭阀A，卸开连接软管。

(5) 当连接软管卸开且圆筒处于直立状态时，立即稍微打开A阀，使高出浸入管末端上方的液体从圆筒中排出。当A阀开始有气体出现时，关闭A阀。

(6) 立即把圆筒浸入40℃±0.1℃的恒温水浴中，让圆筒在水浴中放置1h。

(7) 试验结束时，从水浴中取出圆筒，保持圆筒呈直立状态，打开B阀，将液体和大部分气体排出。

(8) 当圆筒内压力接近常压时，卸开上密封盖，取下铜片并立即与标准腐蚀色板进行比较。比较时应将铜片和标准腐蚀色板置于光反射约45°的方向上进行观察。在检查和比较铜片时，还可将铜片放在用脱脂棉塞住的扁平型试管中进行，这样可以避免铜片产生划痕和受到污染。

3.5.6 测试结果判断

1. 铜片腐蚀标准色板

腐蚀标准色板是在铝板上经过四道色加工处理印成的，每块色板都有腐蚀标准色板使用说明。腐蚀标准色板的色泽变化表示了试验铜片腐蚀增强程度的不同。铜片标准腐蚀色板的分级见表3-4。

表3-4 铜片腐蚀标准色板分级表

新磨光的铜片分级	标志	说明
1	轻度变色	a.淡橙色，几乎和新磨光的铜片一样； b.深橙色
2	中度变色	a.紫红色； b.淡紫色； c.带有淡紫蓝色，或银色，或两种都有，并分别覆盖在紫红色上的多彩色； d.银色； e.黄铜色或金黄色
3	深度变色	a.洋红色覆盖在黄铜色的多彩色； b.由红和绿显示的多彩色(孔雀绿)，但不带灰色
4	腐蚀	a.透明的黑色、深灰色或带有轻微孔雀绿的棕色； b.石墨黑色或无光泽黑色； c.有光泽黑色或乌黑发亮的黑色

注：此系列中所包括的新磨光铜片，仅作为测试前磨光铜片的外观标志。即使使用一个完全不腐蚀的试样，试验后也不能重现这种外观。

2. 铜片腐蚀结果的判断

(1) 将经液化石油气试样处理过的铜片与标准色板进行对比,报告试样的腐蚀程度等级。

(2) 当一块铜片的外观明显介于两个相邻的标准色板之间时,应按变色严重的标准色板判定其腐蚀级别。如果一块铜片看上去比1级标准色板有更深的橙色,则仍认为它属于1级;但若观察到红色,则该片应判定为2级。

(3) 2级的紫红色片可能被误认为黄铜色片被洋红色所遮盖的3级。为了能将两者区别开,把铜片浸在洗涤溶剂中,前者将出现暗橙色,而后者将不变。

(4) 为了区别2级和3级的色片,可把铜片放在20mm×150mm试管中,试管横卧在加热板上,在315~370℃下加热4~6min。用另一个试管放入一支高温蒸馏温度计与装有铜片的试管一起横卧在加热板上,用于观察温度并调节温度。如果铜片属于2级,则先呈现银色后呈现金色。如果是3级,则将呈现如4级那样的明显黑色及其他各色。

3.5.7 测试结果报告和精度要求

测试结果应按表3-4的铜片腐蚀标准色板报告铜片的腐蚀级别。

3.5.8 注意事项

(1) 磨片过程中,严禁用手指直接接触铜片。测试过程中如果发现手指印弄脏了铜片,导致经液化石油气处理后的铜片产生污点,则应重新进行试验。

(2) 如沿着铜片扁平的锐边显出比铜片大部分表面更高的级别,可能是由于铜片在磨光时擦伤边棱所造成的,也要重新进行试验。

(3) 如由于加入蒸馏水,使铜片产生棕色疵点时,则这些疵点可忽略不计,也可重新进行试验。

(4) 在整个测试过程中排出的气体或液体必须通过安全系统排放,避免直接排空。

(5) 铜片腐蚀标准色板应装在塑料套中并避光保存,以防褪色。

3.5.9 思考题

(1) 洗涤铜片的溶剂为何必须不含硫,若选用含硫溶剂会对测试结果产生何种影响?

(2) 液化石油气的腐蚀性与液化石油气的组成有何关系?液化石油气中哪些组分会导致铜片的明显腐蚀?

(3) 液化石油气铜片腐蚀试验对控制液化石油气的质量有何意义?

3.6 烟道气中硫氧化物、氮氧化物及二氧化碳质量分数测定

烟道气中主要污染气体SO_x、NO_x会直接危害人类身体健康,而且是形成酸雨的前体物。温室气体CO_2则被公认为是导致全球气候变暖的主要因素。烟道气污染物(包括以SO_2为主的硫氧化物,以NO为主的氮氧化物及CO_2)的大量排放,给人类的生存环境造成极大危害。随着

烟气的排放标准不断更新，对烟道气中的 SO_x、NO_x 浓度也有了越来越严格的限制。

3.6.1　实验目的

（1）了解烟道气的组成特点及其污染物 SO_x、NO_x、CO_2 的浓度；

（2）掌握烟气分析仪测定烟道气中 SO_x、NO_x、CO_2 的浓度。

3.6.2　原理和方法

本方法采用烟气分析仪分析烟道气污染组分 SO_2、NO、CO_2 的浓度。SO_2、NO 的浓度采用电化学传感器测量，CO_2 浓度采用红外传感器测量。

传感器应用了两项基本技术：①扩散层（典型的是选择性渗透膜）允许目标污染物分子扩散到电解液中；②气体在工作电极发生氧化反应，在对电极发生还原反应，产生的电流通过外电路成为传感器的输出信号，该输出信号再经电子线路放大，转换为被测气体的浓度。利用渗透膜，防止传感器电化学池中电解液流出和蒸发，也能利用它的选择性减少干扰组分的影响。因此，应当选择对待测组分渗透性好，但对干扰组分渗透性差的高分子膜。工作电极是产生电解电流的电极，可采用铂电极、金电极、钯电极、铱电极等。对电极与工作电极构成电路的标准电极，从银或银化合物电极、镍或镍化合物电极、铅或铅化合物电极中选用对电极，使其与工作电极组成最佳电极对。

当电化学传感器工作时，有：①样品气体进入传感器气室的上面；②目标气体通过选择性渗透膜，扩散到电解液并到达工作电极；③在工作电极发生氧化反应；④电荷转移到对电极；⑤在对电极发生还原反应；⑥由于电阻两端的电压降，易于测量与污染物浓度相关的电流。

1. 测定 SO_2 浓度原理

当工作电极达到规定的电位时，被电解质吸收的 SO_2 按下式在工作电极发生氧化反应：

$$SO_2+2H_2O \longrightarrow SO_4^{2-}+4H^++2e^-, E_{298}^0=0.17V \tag{3-8}$$

式中，$E_{298}^0=0.17V$ 是半电池电位。

在对电极发生的反应（PbO_2 转化为 $PbSO_4$）：

$$PbO_2+SO_4^{2-}+4H^++2e^{2-} \longrightarrow PbSO_4+2H_2O, E_{298}^0=1.68V \tag{3-9}$$

1.68V 的半电池电位大于 SO_2 氧化成 SO_4^{2-} 的 0.17V 电位，所以形成电位差。在一定的温度条件下，工作电极产生的电解电流与 SO_2 的浓度成正比：

$$i=\frac{nFADc}{\delta} \tag{3-10}$$

式中　i——电解电流，A；

n——1mol 污染物产生的电子数；

A——气体扩散面积，cm^2；

F——法拉第常数，96 500C/mol；

D——气体扩散系数，cm^2/s；

c——电解液中被氧化气体的浓度，mol/mL；

δ——扩散层的厚度，cm。

2. 测定 NO_x 浓度原理

氮氧化物（NO、NO_2）浓度的测量原理与 SO_2 的类似。烟气样品进入电化学传感器，NO 和 NO_2 透过透气性薄膜进入电解池，在电解液中扩散并被吸收，被吸收的 NO 和 NO_2 在一定的氧化电位下进行电解，根据电解电流得到 NO 和 NO_2 的浓度。NO 和 NO_2 的氧化反应及其各自的固定氧化电位如下：

$$NO_2 + H_2O \longrightarrow NO_3^- + 2H^+ + e^-, E_{298}^0 = 0.80V \tag{3-11}$$

$$NO + 2H_2O \longrightarrow NO_3^- + 4H^+ + 3e^-, E_{298}^0 = 0.96V \tag{3-12}$$

3. 测定 CO_2 浓度原理

CO_2 的浓度测定采用红外传感器。红外传感器采用非色散性红外技术来检测气体，这种非毒化的气体传感器依赖于目标气体特有的吸收光谱。使用一个合适的红外光源，根据不同气体在不同的浓度下对红外光谱的吸收率不同来检测目标气体的存在及浓度。光源发出的红外光通过两个相同的气室，然后到达检测器。第一个气室充满不吸收测量波长的惰性气体，称为参比气室；第二个气室充满样品气体，称为测量气室；测量气室中的样品气体吸收部分红外光，能量被吸收后强度减弱的红外光到达检测器，检测器可检测到通过两个气室后的红外光的能量差。红外光通过参比和测量气室得到的光的检测信号之比称为透过率，该透过率与烟道气中 CO_2 的浓度相关，如下式所示：

$$T_r = \frac{I}{I_0} = e^{-\alpha(\lambda)cl} \tag{3-13}$$

式中 T_r——光通过参比和测量气室得到的光的检测信号之比，即透过率；

I_0——光通过参比气室后的强度，为常数；

I——光通过测量气室后的强度；

$\alpha(\lambda)$——分子吸收率（与波长 λ 有关）；

c——污染物浓度；

l——光通过参比气室或测量气室的长度（两个气室长度相等）。

I 与测得的透光率和 CO_2 的浓度相关。测量方法是比较产生模拟电信号，即用一个“调制盘”组件防止通过两个气室的红外光同时到达检测器。旋转“调制盘”，使通过参比气室和测量气室的红外光交替地到达检测器，产生的交流信号的大小正比于检测器接收能量的差，从而测出待测组分浓度。

3.6.3 仪器

1. 多功能烟气分析仪(图 3-7)

2. 控制模块

实现参数的设定、测量结果的输出及打印。控制模块如图 3-8 所示。

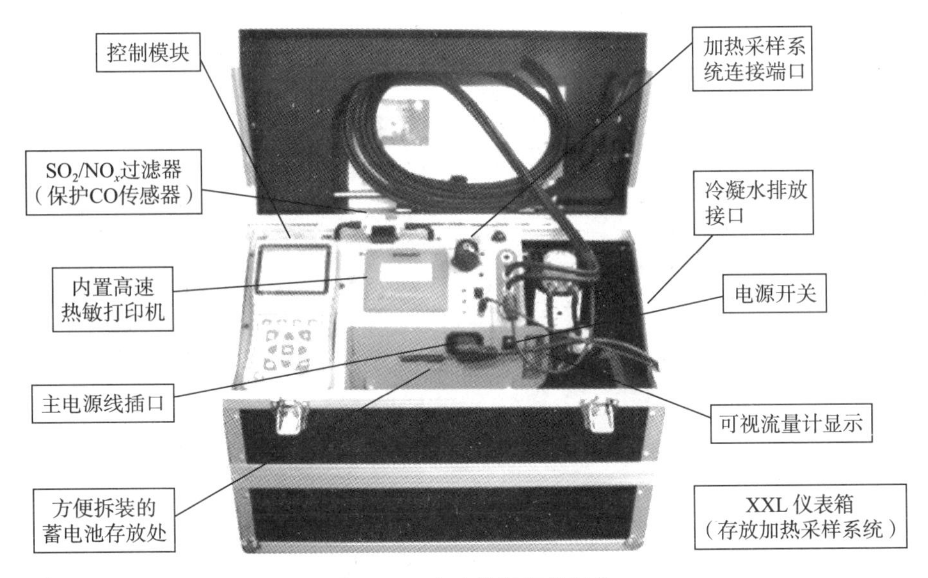

图 3－7　多功能烟气分析仪

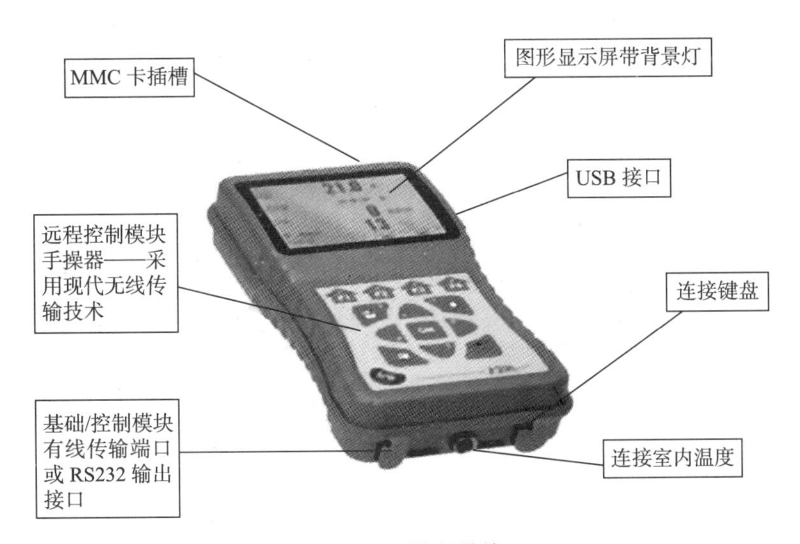

图 3－8　控制模块

3. 帕尔贴冷却器(图 3－9)

烟气进入分析器前，需要快速制冷除去烟气中的水分，确保烟气干燥，从而提高测量精度，同时达到延长分析仪内部传感器的使用寿命。为了除去烟气中的水分，该烟气分析仪还配有帕尔贴冷却器。温度高于蒸汽露点(35～65℃)的烟气呈螺旋式通过气路、经过热传导性良好的表面镀膜的金属体，将其热量散发给金属体。由恒电流带动的帕尔贴单元(半导体制冷原理)与此金属体有热连接，此外帕尔贴单元还连接着一个带有散热片和通风槽的第二金属体。经过帕尔贴单元的烟气产生了由热到冷的热交换，将烟气传给金属体的热量排出，从而传送到第二金属体。这股热量通过竖式的强制通风进而被传到环境大气中。在冷却器出气口，气样降到 5℃左右，其相对饱和度接近 100%的相对湿度(相当水蒸气浓度小于 $7g/m^3$)。由烟气热损失而产生的冷凝

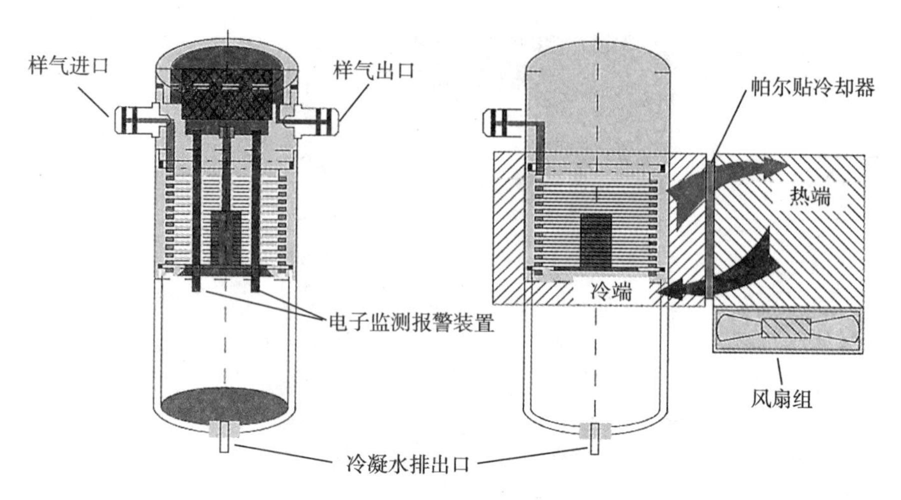

图 3-9 帕尔贴冷却器

水被收集在容器中，根据需要通过定期工作的软管泵将水排出（也可通过手动或电子监测报警自动排出）。

3.6.4 测试步骤

（1）仔细检查烟气分析仪各部件，将烟气分析仪采样管与烟道气采样口连接，并确认气路连接无误。

（2）打开分析仪电源，打开基础模块（开关在冷凝水收集器的下端）；使用方向键选择子菜单“烟气分析”，按“OK”键确认后，仪器便开始为期 1min 的自动校准。

（3）待自动校准结束后，将仪器切换到测量模式；经过大约 1～1.5min，显示测量值，待 2min 后测量值趋于稳定，每间隔 1min，分别读取 SO_2、NO、CO_2 的浓度 c_{SO_2}、c_{NO}、c_{CO_2}，读取 4 组值；按“记录”键可将测量值传送到内存中，数据存储后可打印出来，若需要也可作为最终的数据记录存储。

（4）测试结束后，往烟气分析仪通入清洁空气 5～10min，待仪器显示值降至 10 个单位以下，保持仪器内部处于新鲜空气的环境后，方可关机。

3.6.5 测试结果报告和精度要求

（1）烟道气中 SO_2、NO、CO_2 的浓度直接由控制模块读出，读取 4 组数据，分别计算 SO_2、NO、CO_2 的浓度的 4 组数据的平均值，将平均值作为最终测试结果。

（2）重复测试的两次结果的相对偏差不应大于 5%。

3.6.6 注意事项

（1）在进行烟气组成测定时，应确保装置具有良好的气密性，测试环境保持通风。

(2) 在待测气体进入分析仪之前，必须对待测气体进行预处理，除去颗粒物和水分，避免过高的湿度引起水汽在渗透膜上冷凝，以及仪器在相对湿度大于 15%的条件下长时间使用而造成传感器的使用寿命及测量精度降低。

(3) 进入传感器气体的温度控制在 5～40℃。

(4) 定期使用清洁空气对传感器进行恢复性清洗。

(5) 待测气体保持与用校准传感器时基本一致的流量进入传感器。

(6) 一旦传感器被污染将需要再恢复或更换传感器。

3.6.7　思考题

(1) 测定烟道气中的 SO_x、NO_x、CO_2 的浓度有何意义？

(2) 帕尔贴冷却器有什么作用？若不安装帕尔贴冷却器对测量结果会有什么影响？

(3) 电化学传感器中的渗透膜有什么作用？

(4) 影响 SO_2、NO 和 NO_2 测量结果准确性的因素有哪些？

第 4 章

油品及原油性质测定实验

4.1 汽油馏程的测定

纯液体的沸点在一定压力下是固定的。石油产品是由成千上万个烃类化合物组成的混合物，因此没有固定的沸点，但具有一定的沸点范围，这个沸点的温度范围称为馏程。馏程是指在专门的蒸馏仪器和特定的条件下，油品自被蒸出第一滴液体时的温度到蒸馏完毕时的温度之间的温度范围，一般以馏出温度或在一定温度下馏出物的体积分数来表示。在油品蒸馏过程中，流出第一滴冷凝液时的气相温度称为初馏点，馏出 10mL、50mL、90mL 时的温度分别称为 10%、50%、90%馏出温度，蒸馏完毕时的温度称为终馏点或干点。

馏程是评定油品蒸发性最重要的指标，对油品的生产、使用、储存等各方面都有重要意义。在石油炼制过程中，馏程是制定原油加工方案，确定油品质量和产量的重要依据。炼油装置生产操作的控制条件如温度、压力、侧线拔出量、汽提蒸汽用量等都是根据油品馏程确定的。在油品使用过程中，馏程对发动机的工作状态有很大的影响，为此我国汽油、航煤、柴油等油品的质量标准中都对馏程作出了明确的规定。馏程反映出油品的使用性能，如汽油 10%馏出温度表示汽油中轻组分量的多少，其大小与汽油发动机在冬季启动的难易和在夏季是否发生气阻有直接的关系；汽油 90%馏出温度和终馏点表示汽油中重组分量的多少，反映汽油的完全燃烧程度和对发动机的磨损的影响；而汽油 50%馏出温度的高低影响的是发动机的加速性能。

4.1.1　实验目的

(1) 掌握油品馏程的定义及其影响因素；
(2) 了解馏程在油品生产、使用和储运中的意义；
(3) 掌握油品馏程的测定方法。

4.1.2　原理和方法

将 100mL 汽油试样在规定仪器及试验条件下进行蒸馏，观察和记录温度计读数和冷凝液体积，得到汽油馏出温度和馏出物体积之间的关系即为汽油的馏程，这种蒸馏方法也称为恩氏蒸馏。

4.1.3　仪器

(1) 石油产品蒸馏仪：如图 4－1 所示。冷凝槽温度：0～65℃可调；冷凝管尺寸：黄铜管 ϕ14mm×1mm，全长 560mm，浸入冷却介质中的长度为 390mm。
(2) 量筒：100mL，分度 1mL。

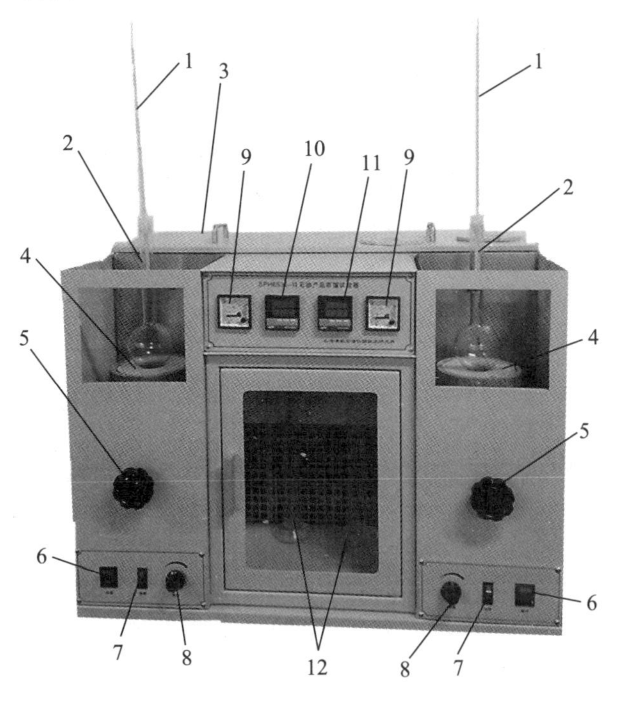

图 4－1　石油产品蒸馏仪

1—温度计；2—蒸馏烧瓶；3—冷凝槽；4—碳化硅板；5—电炉高度调节旋钮；6—电源开关；7—制冷开关；8—加热电压调节；9—加热电压；10—冷凝槽温控仪表；11—量筒室温控仪表；12—量筒

(3) 蒸馏烧瓶:125mL。

(4) 秒表。

4.1.4 准备工作

(1) 待测汽油中若含有水分,测试前应进行脱水。

(2) 冷凝槽内注入冷却液,冷却液面距水箱上沿口约 15mm 为宜。待测试样为汽油时,冷凝槽的温度必须保持在 0~4℃,不能用水作为冷却液,必须在水中加入冰或雪。

(3) 在蒸馏前,冷凝管要用缠在铜丝或铝丝上的软布擦拭内壁,除去上次蒸馏剩下的液体。

(4) 蒸馏烧瓶先用轻质汽油洗涤,再用空气吹干,必要时用铬酸洗液或碱洗液清洗。

(5) 将汽油和量筒的温度降至 0~10℃,用清洁、干燥的量筒精确量取 100mL 汽油,注入蒸馏烧瓶中。注意不要使试样流入蒸馏烧瓶的支管内。

(6) 用插有温度计的软木塞或硅酮橡胶塞,紧密地塞在盛有汽油的蒸馏烧瓶口内。上下左右调整温度计的位置,使温度计位于蒸馏烧瓶瓶颈的中心线上,并且使水银球的上边缘与支管焊接处的下边缘在同一平面。

(7) 将盛有汽油的蒸馏烧瓶安放在加热平台上,调节升降旋钮改变加热平台的高度和位置。

(8) 用软木塞或硅酮橡胶塞将蒸馏烧瓶的支管与冷凝管的上端相连接,支管插入冷凝管内的长度要达到 25~40mm,但不能与冷凝管的内壁接触。

(9) 在连接处涂上火棉胶密封。将防风罩罩住蒸馏瓶。注意蒸馏汽油时,加热器和防风罩的温度都不应高于室温。

(10) 量取过试样的量筒不需要经过干燥,就可放在冷凝管下面,并使冷凝管下端插入量筒中,插入距离不得少于 25mm,也不得低于量筒 100mL 的标线,冷凝管下端与量筒内壁暂时互相不接触,目的是为了观察初馏点;然后在量筒的口部塞上少许棉花。

在蒸馏汽油时,量筒室的温度为 13~18℃。

4.1.5 测试步骤

(1) 打开仪器的电源开关和制冷开关,设定冷凝槽和量筒室的温度。

(2) 记录大气压力和温度。

(3) 冷凝槽和量筒室的温度达到设定温度后,开始对蒸馏烧瓶均匀加热。调节加热速度,使得从加热开始到冷凝管下端滴下第一滴馏出液所经过的时间为 5~10min,从初馏点到 5%回收体积所经过的时间为 60~75s。

(4) 第一滴馏出液从冷凝管滴入量筒时,记录此时的温度作为初馏点。

(5) 初馏点之后,移动量筒,使其内壁与冷凝管末端相接触,让馏出液沿着量筒内壁流下。此后,蒸馏速度为每分钟流出 4~5mL,相当于每 10s 馏出 20~25 滴。

(6) 在蒸馏过程中要记录技术指标要求的数据。例如:如果汽油的技术指标要求 10%、50%、90%的馏出温度,那么当量筒中馏出液的体积达到 10mL、50mL、90mL 时,就立刻记录馏出温度。

测试结束后,温度计的误差应根据温度计检定证上的修正数进行修正;馏出温度受大气压力的影响，应按当时的大气压力进行修正。

如果技术指标要求在某温度（例如 50℃、100℃、150℃、200℃）的馏出质量分数，那么当蒸馏温度达到指定的温度时，就立刻记录量筒中的馏出液体积。在这种情况下，温度计的误差应预先根据温度计检定证上的修正数进行修正；馏出温度受大气压力的影响，也应预先进行修正。

【例】 大气压力为 96.7kPa（725mmHg），而温度计在 200℃的修正值为 +1℃，即以 199℃代替 200℃。在这种情况下，当温度计读数达到：

$(200-1)-0.056\times(101.3-96.7)\times7.5=197$（℃）

或$(200-1)-0.056\times(760-725)\times7.5=197$（℃）时，就记录量筒中馏出液的体积。

（7）当量筒中的馏出液达到 90mL 时，对加热强度作最后一次调整，要求在 3～5min 内达到终馏点。

（8）如果技术指标要求的终点为馏出 95%、97.5%等时，除记录馏出温度外，应同时停止加热，让馏出液流出 5min，就记录量筒中液体体积。

（9）如果技术指标要求终馏点温度，那么对蒸馏烧瓶的加热要达到温度计的水银柱停止上升而开始下降时为止，同时记录温度计所指示的最高温度作为终馏点。在停止加热后，每隔 2min 观察一次冷凝液的体积，直至两次观察的体积一致为止，记录量筒中液体的体积。

（10）蒸馏时，所有读数都要精确到 0.5mL 和 1℃。

（11）测试结束时，关闭加热电源，待蒸馏烧瓶冷却后，卸下蒸馏烧瓶。卸下温度计及瓶塞之后，将蒸馏烧瓶中的残留物仔细地倒入 5mL 的量筒内。待量筒冷却到 20℃±3℃时，记录残留物的体积，精确至 0.1mL。

（12）100mL 减去馏出液和残留物的总体积所得之差，就是蒸馏的损失。

4.1.6 测试结果修正

大气压力高于 102.7kPa（770mmHg）或低于 100.0kPa（750mmHg）时，馏出温度所受大气压力的影响分别按式（4-1）和式（4-2）计算修正数 C：

$$C=0.000\,9\times(101.3-p)(273+t) \tag{4-1}$$

$$C=0.000\,12\times(760-p)(273+t) \tag{4-2}$$

式中，p 为测试时大气压力，kPa（或 mmHg）；t 为温度计读数，℃。

此外，也可以利用表 4-1 的馏出温度修正常数 k，按式（4-3）或式（4-4）算出修正数 C：

$$C=k(101.3-p)\times7.5 \tag{4-3}$$

$$C=k(760-p) \tag{4-4}$$

馏出温度在大气压力 p 时的数据 t 和在 101.3kPa（760mmHg）时的数据 t_0，存在如下的换算关系：

$$t_0=t+C \tag{4-5}$$

$$t=t_0-C \tag{4-6}$$

实际大气压力在 100.0～102.7kPa（750～770mmHg）内，馏出温度不需要进行上述修正。

表 4-1　馏出温度修正常数 k

馏出温度/℃	k	馏出温度/℃	k	馏出温度/℃	k
11～20	0.035	131～140	0.049	251～260	0.063
21～30	0.036	141～150	0.050	261～270	0.065
31～40	0.037	151～160	0.051	271～280	0.066
41～50	0.038	161～170	0.053	281～290	0.067
51～60	0.039	171～180	0.054	291～300	0.068
61～70	0.041	181～190	0.055	301～310	0.069
71～80	0.042	191～200	0.056	311～320	0.071
81～90	0.043	201～210	0.057	321～330	0.072
91～100	0.044	211～220	0.059	331～340	0.073
101～110	0.045	221～230	0.060	341～350	0.074
111～120	0.047	231～240	0.061	351～360	0.075
121～130	0.048	241～250	0.062		

4.1.7　测试结果报告和精度要求

（1）取重复测定的两个结果的算术平均值作为待测试样的馏程。

（2）重复测定的两个结果之差应不大于如下数值：

初馏点是 4℃。

终馏点和中间馏分是 2℃和 1mL。

残留物是 0.2mL。

4.1.8　注意事项

（1）试样中的水分在测定时会导致突沸冲油，并造成温度计指示失真，因此在测试前必须先除去试样中含有的水分。

（2）严格控制加热速度，保持规定的馏出速度，这是测试准确性的关键。

（3）温度计的插入位置不正确，会影响馏出温度的读取，也就会影响测试结果。

（4）蒸馏瓶支管插入冷凝管中的长度为 25～40mm，插入长度过多，初馏点读数可相差 1～2℃，一般以 30mm 为宜。

（5）量取试样、馏出物、残留液体积时，温度尽量保持一致。标准方法中要求汽油蒸馏时在 13～18℃下进行。

（6）确保蒸馏系统密封，防止漏气。

（7）冷凝槽内注入冷却液，冷却液面距水箱上沿口约 15mm 为宜。

(8) 仪器制冷开关关闭后不能立即重新开启，需等待 10min 以后才能重新开启。

4.1.9 思考题

(1) 油品的馏程是一个怎样的指标？对于油品的生产、使用和储运具有什么意义？
(2) 为什么石油产品的馏程测定实验是条件试验？
(3) 油品馏程的干点和终点有什么区别？测试中如何确定终馏点温度？
(4) 主要石油产品如汽油、煤油、柴油的馏程范围是多少？
(5) 所测定的两次结果是否符合试验的重复性要求？若不符合，造成误差的原因是什么？

4.2 汽油 PONA 组成的测定

汽油按具体用途可分为车用汽油、航空汽油、洗涤汽油等，其中用量最大的是车用汽油。按其生产工艺又可分为直馏汽油、催化裂化汽油、催化重整汽油和焦化汽油等。汽油除含有少量的含硫、含氮和含氧化合物外，基本上是由几类在化学结构上相似的同“族”化合物组成，这些同“族”化合物包括烷烃(P)、烯烃(O)、环烷烃(N)和芳烃(A)。汽油的族组成(PONA 组成)可以用汽油中各族烃类化合物的组成数据来表示。不同原油、不同工艺过程生产的汽油馏分有着不同的 PONA 组成分布特点。石蜡基原油(以大庆油为代表)得到的直馏汽油，烷烃质量分数明显高于环烷基原油(以大港油为代表)所得的直馏汽油，环烷烃质量分数则明显低于环烷基原油所得的直馏汽油。催化裂化、催化重整和焦化等二次加工所得到的汽油馏分，其烃类族组成与直馏汽油有较大差别。

4.2.1 实验目的

(1) 掌握汽油 PONA 组成的特点；
(2) 掌握用气相色谱法分析汽油的 PONA 组成。

4.2.2 原理和方法

本方法采用配有氢火焰离子化检测器(FID)的气相色谱仪分析汽油的 PONA 组成，采用 PONA 色谱柱和 PONA 组成分析软件，实现汽油馏分中各组分的高效分离和精确定性、定量。

各组分的定性采用保留指数法，保留指数可由式(4-7)计算。

$$I_x=100\times\frac{N+(T_x-T_n)}{T_{n+1}-T_n} \tag{4-7}$$

式中　I_x——待定性组分保留指数；
N——正构烷烃的碳原子数；
T_x——待定性组分的绝对保留时间，min；
T_n——碳原子数为 n 的正构烷烃的绝对保留时间，单位为 min，作为参考峰；

T_{n+1}——碳原子数为$(n+1)$的正构烷烃的绝对保留时间，单位为 min，作为参考峰。

用校正因子归一化法计算混合物中每个组分的质量分数，除苯的校正因子取 0.90 和甲苯的校正因子取 0.95 外，其他所有组分的校正因子取为 1。

将汽油组成的分析结果归类，即可得到汽油 PONA 组成。气相色谱的分离原理参考“3.1 天然气烃类组成分析”中的相应内容。

4.2.3 仪器和试剂

(1) 气相色谱仪：检测器为氢火焰离子化检测器(FID)，配有 CDMC 色谱工作站。

(2) 色谱柱：OV-101 毛细管 PONA 柱，柱长 50m，内径 0.2 mm，膜厚 0.5μm。

(3) PONA 组成分析：采用瑞博汽油组成分析软件对汽油组成进行定性和定量分析。

(4) 高纯氢气：纯度不低于 99.9%。

(5) 高纯氮气：纯度不低于 99.99%。

(6) 空气。

4.2.4 测试步骤

(1) 开载气钢瓶，调节至适当压力、流量。

(2) 开机预热。色谱柱箱温度、进样器的温度和检测器温度达到预设值，设定柱箱温度控制程序。

气相色谱仪工作条件：检测器温度 250℃，气化室温度 250℃；温度程序：35℃下保持 15min，然后以 2℃/min 升至 180℃；柱前压：0.08MPa；进样量：0.5μL；分流比：100∶1。

(3) 调节空气和氢气流量，氢火焰点火。

(4) 取样与进样。用试样对 5μL 微量注射器润洗 4～5 次后方可正式取样。准确抽取 1μL 试样，从进样孔注入色谱气化室，注入同时按下微机采样起始键和色谱程序升温起始键。

(5) 分析。色谱柱箱按程序升温，试样中的组分在色谱柱中分离，在微机采样窗口中观察各组分的峰型。

(6) 微机谱图处理。

(7) 分析结束后，关闭氢气源，使氢火焰熄火。关闭柱箱、气化室和检测器的加热。待柱箱温度、气化室温度和检测器温度降至室温后，切断电源，关闭气源。

4.2.5 测试结果报告和精度要求

(1) 报告汽油的 PONA 组成分析结果。

(2) 重复测试的两次结果中各族组成质量分数的相对偏差不高于 5%。

4.2.6 注意事项

(1) 测试过程中应选择适当的分流比和进样量，当分流比和进样量选择不当时可能引起色谱柱过载，导致某些组分分离度下降，同时由于过载引起的色谱峰变形可导致保留时间变化，从而引起定性错误。此外，过载还可能导致某些组分的响应值偏离线性范围进而导致定量不准确。

（2）为了获得准确的定性定量结果，应定期确认色谱的工作条件。根据标准样的保留时间对柱前压等参数进行调整，以保持基本一致的色谱分离条件。

4.2.7　思考题

（1）试述汽油 PONA 组成分析的意义。

（2）汽油 PONA 组成分析对色谱柱的分离性能有何要求？

（3）各组分在色谱柱中的保留时间与该组分的结构和碳原子数有何联系？

（4）汽油 PONA 组成的分析测试精度与哪些因素有关？

（5）如何根据 PONA 组成分析测试结果判断试样是由哪种炼油工艺生产的？

附录：催化裂化汽油 PONA 组成分析结果

（1）典型的催化裂化汽油 PONA 分析色谱图（图 4－2）

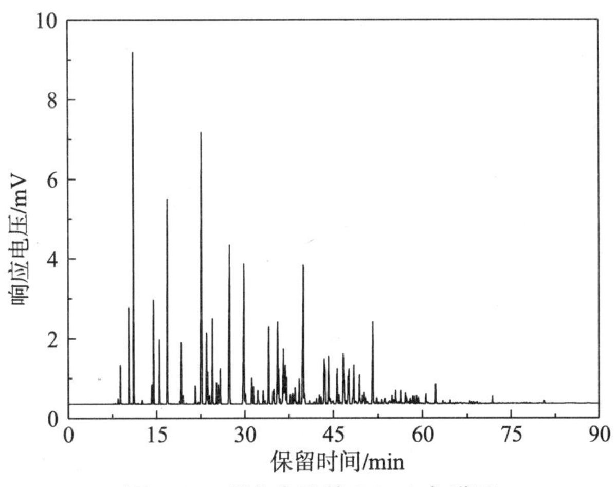

图 4－2　催化汽油的 PONA 色谱图

（2）典型催化裂化汽油各组分的保留时间、保留指数和质量分数（表 4－2）

表 4－2　催化裂化汽油各组分的保留时间、保留指数和质量分数

组分	保留时间/min	保留指数	质量分数/%	组分	保留时间/min	保留指数	质量分数/%
正丁烷	8.942	400	0.016	碳九烯(8)	45.383	848.026	0.032
顺丁烯-2	9.300	416.34	0.035	乙苯	45.733	851.004	1.563
3-甲基丁烯-1	9.925	444.865	0.544	碳九烯(9)	46.017	853.421	0.090
异戊烷	10.342	463.898	9.183	碳九环烷	46.200	854.979	0.093
戊烯-1	10.767	483.295	0.019	碳九烯(10)	46.325	856.043	0.020
2-甲基丁烯-1	10.975	492.789	1.451	2,3-二甲基庚烷	46.492	857.464	0.072

续表

组分	保留时间/min	保留指数	质量分数/%	组分	保留时间/min	保留指数	质量分数/%
正戊烷	11.133	500.000	0.363	间二甲苯	46.842	860.443	3.115
碳五二烯	11.308	503.148	0.015	碳九烯(11)	47.175	863.277	0.114
反戊烯-2	11.383	504.497	0.005	4-乙基庚烷	47.317	864.485	0.066
顺戊烯-2	11.683	509.894	0.310	4-甲基辛烷	47.533	866.323	0.512
2-甲基丁烯-2	11.875	513.348	5.699	2-甲基辛烷	47.667	867.464	0.644
1,3-环戊二烯	12.500	524.591	0.032	碳九烯(13)	47.85	869.021	0.134
2,2-二甲基丁烷	12.583	526.084	0.038	碳九烯(14)	48.075	870.936	0.045
环戊烯	13.492	542.436	2.472	3-甲基辛烷	48.483	874.409	0.749
4-甲基戊烯-1	13.650	545.278	0.317	2-甲基-1-辛烯	48.708	876.323	0.095
3-甲基戊烯-1	13.742	546.933	0.405	苯乙烯	48.942	878.315	0.222
环戊烷	14.142	554.128	0.585	碳九烯(16)	49.092	879.591	0.036
2,3-二甲基丁烷	14.217	555.478	1.416	邻二甲苯	49.433	882.494	1.090
顺4-甲基戊烯-2	14.333	557.564	0.298	碳九烯(20)	49.675	884.553	0.131
2-甲基戊烷	14.517	560.874	5.741	3-乙基庚烯	49.958	886.962	0.302
3-甲基戊烷	15.483	578.251	3.095	碳九环烷(7)	50.108	888.238	0.194
2-甲基戊烯-1	15.792	583.810	0.837	壬烯-1	50.283	889.728	0.031
正己烷	16.692	600.000	0.333	未定性组分	50.383	890.579	0.074
顺己烯-3	17.033	603.197	0.028	碳九环烷(8)	50.583	892.281	0.028
反己烯-2	17.158	604.369	0.003	反壬烯-4	50.850	894.553	0.222
2-甲基戊烯-2	17.408	606.713	2.357	顺壬烯-3	51.225	897.745	0.154
顺3-甲基-2-戊烯	17.692	609.376	1.790	正壬烷	51.492	900.019	0.044
顺己烯-2	17.867	611.016	0.274	未定性组分	51.700	901.955	0.012
未定性组分	17.983	612.104	0.081	碳九烯(18)	52.025	904.981	0.146
反3-甲基戊烯-2	18.583	617.729	2.143	碳九环烷(10)	52.283	907.384	0.085
反4,4-二甲基-2-戊烯	19.050	622.108	0.043	未定性组分	52.400	908.473	0.041
甲基环戊烷	19.250	623.983	2.568	碳九烯	52.600	910.335	0.030
2-甲基-1,3-戊二烯	19.575	627.03	1.030	未定性组分	52.833	912.505	0.006
2,3,3-三甲基丁烯-1	19.892	630.002	0.009	异丙基苯	53.050	914.525	0.195
2-甲基-1,3-环戊二烯	20.050	631.483	0.026	碳九烯(19)	53.292	916.778	0.046
3,4-二甲基-1-戊烯	20.692	637.502	0.028	2,2-二甲基辛烷	53.683	920.419	0.147
2,3-二甲基-1,4-戊二烯(1)	20.825	638.749	0.046	碳九环烷(13)	53.992	923.296	0.069
2,4-二甲基戊烯-1	21.142	641.721	0.090	碳九二烯	54.200	925.233	0.019
1-甲基环戊烯	21.475	644.843	1.784	3,5-二甲基辛烷	54.458	927.635	0.146
苯	21.600	646.015	0.746	碳十烯(2)	54.575	928.724	0.021

续表

组分	保留时间/min	保留指数	质量分数/%	组分	保留时间/min	保留指数	质量分数/%
3-甲基己烯-1	21.750	647.422	0.074	碳十烯(3)	54.667	929.581	0.043
3-乙基戊烯-1	22.017	649.925	0.264	碳九环烷(14)	54.900	931.750	0.101
5-甲基己烯-1	22.250	652.11	0.076	碳十链烷(1)	55.158	934.153	0.087
环己烷	22.525	654.688	0.294	碳十烯(5)	55.325	935.708	0.010
反 2-甲基己烯-3	22.642	655.785	0.309	2,6-二甲基辛烷	55.483	937.179	0.159
2,3-二甲基-1,4-戊二烯(2)	22.867	657.894	0.027	碳十烯(6)	55.600	938.268	0.044
4-甲基己烯-1	23.050	659.610	0.218	碳十烯(7)	55.842	940.521	0.043
(顺,反)4-甲基-2-戊烯	23.325	662.188	0.596	3,6-二甲基辛烷	56.083	942.765	0.097
2-甲基己烷	23.583	664.607	2.639	正丙基苯	56.350	945.251	0.516
2,3-二甲基戊烷	23.733	666.014	0.650	碳十烯(9)	56.617	947.737	0.057
1,1-二甲基环戊烷	24.017	668.676	0.030	碳十烯(10)	56.850	949.907	0.072
环己烯	24.283	671.170	0.288	间甲乙苯	57.250	953.631	1.727
3-甲基己烷	24.550	673.673	2.162	对甲乙苯	57.458	955.568	0.719
顺 3,4-二甲基-2-戊烯	24.858	676.561	0.228	4 乙基辛烷	57.700	957.821	0.070
顺 1,3-二甲基环戊烷	25.233	680.077	0.662	未定性组分	57.758	958.361	0.080
反 1,3-二甲基环戊烷	25.558	683.124	0.611	1,3,5-三甲基苯	58.025	960.847	0.524
2-甲基-1-己烯	25.642	683.911	0.350	5-甲基壬烷	58.208	962.551	0.114
反 1,2-二甲基环戊烷	25.858	685.937	0.540	4-甲基壬烷	58.408	964.413	0.297
庚烯-1+2,2,4-三甲基戊烷	26.025	687.502	0.160	2-甲基壬烷	58.692	967.058	0.292
顺 3-甲基己烯-3	26.658	693.437	0.346	碳十烯(12)	58.825	968.296	0.049
反庚烯-3	27.158	698.125	0.466	邻甲乙苯	59.083	970.698	0.491
正庚烷	27.358	700.000	0.475	3-甲基壬烷	59.417	973.808	0.347
顺庚烯-3	27.592	701.890	1.365	碳十烯(14)	59.700	976.443	0.093
反 3-甲基己烯-3	27.700	702.762	0.614	未定性组分	59.967	978.929	0.006
3-乙基戊烯-2	28.083	705.855	0.301	碳十环烷(1)	60.175	980.866	0.004
反 3-甲基己烯-2	28.483	709.086	1.009	碳十烯(15)	60.317	982.188	0.039
顺庚烯-2	28.933	712.720	0.330	1,2,4-三甲基苯	60.733	986.061	1.101
未定性组分	29.192	714.812	0.005	碳十烯-1	61.050	989.013	0.045
3-乙基环戊烯	29.400	716.492	0.090	未定性组分	61.275	991.108	0.029
顺 1,2-二甲基环戊烷	29.667	718.648	0.376	碳十烯(18)	61.475	992.970	0.045
甲基环己烷	29.817	719.859	0.925	碳十烯(20)	61.792	995.922	0.043
1,1,3-三甲基环戊烷	30.108	722.210	0.116	正十烷	62.225	999.953	0.024
碳八环烯	30.475	725.174	0.049	碳十烯-2	62.500	1002.769	0.046
2,4,4-三甲基-2-戊烯	30.758	727.459	0.047	未定性组分	62.575	1003.538	0.054

续表

组分	保留时间/min	保留指数	质量分数/%	组分	保留时间/min	保留指数	质量分数/%
2,5-二甲基己烷	31.183	730.892	0.648	碳十环烷(2)	62.792	1005.764	0.015
2,4-二甲基己烷	31.500	733.452	0.629	碳十环烷(3)	62.942	1007.303	0.016
3-甲基环己烯	31.767	735.608	0.008	碳十环烷(4)	63.200	1009.949	0.019
碳八二烯	32.217	739.242	0.255	1,2,3-三甲基苯	63.500	1013.026	0.195
碳八烯(1)	32.925	744.960	0.198	间/对甲基异丙基苯	63.867	1016.790	0.075
3,4-二甲基己烯-1	33.133	746.640	0.145	碳十环烷(7)	64.242	1020.636	0.039
碳八烯(2)	33.283	747.852	0.060	碳十二链烷(7)	64.400	1022.256	0.059
1,2-二甲基环戊烯	33.583	750.275	0.946	茚满	64.758	1025.928	0.595
1-乙基环戊烯	33.750	751.623	0.187	碳十一链烷(4)	65.233	1030.800	0.107
甲苯+2,3,3-三甲基戊烷	34.167	754.991	3.015	碳十一烯(1)	65.600	1034.564	0.045
2-甲基-3-庚烯	34.408	756.937	0.139	碳十一烯(2)	65.733	1035.928	0.020
碳八烯(3)	34.808	760.168	0.357	2,6-二甲基壬烷	65.892	1037.559	0.094
1-甲基环己烯	35.033	761.985	0.290	碳十一链烷(5)	66.192	1040.636	0.133
碳八烯(4)	35.358	764.610	0.249	碳十一链烷(6)	66.325	1042.000	0.031
2-甲基庚烷	35.608	766.629	1.019	1-甲基-3-丙基苯	66.467	1043.456	0.193
4-甲基庚烷	35.767	767.913	0.281	1-甲基-4-丙基苯	66.867	1047.559	0.140
3,4-二甲基己烷	35.958	769.456	0.053	1-乙基-2,3-二甲基苯	67.108	1050.031	0.271
碳八烯(5)	36.208	771.475	0.003	对二乙苯	67.500	1054.051	0.072
碳八烯(6)	36.342	772.557	0.052	碳十一链烷(7)	67.742	1056.533	0.036
3-甲基庚烷	36.558	774.301	0.856	5-甲基十烷	68.025	1059.436	0.191
3-乙基己烷	36.667	775.182	0.167	1-甲基-2-丙基苯	68.333	1062.595	0.130
顺1,3-二甲基环己烷	36.917	777.201	0.234	碳十一烯(4)	68.675	1066.103	0.193
反1,4-二甲基环己烷	37.067	778.412	0.085	碳十一链烷(8)	68.983	1069.262	0.126
未定性组分	37.258	779.955	0.002	2-乙基-1,4-二甲基苯	69.300	1072.513	0.254
1,1-二甲基环己烷	37.508	781.974	0.009	碳十一烯(6)	69.767	1077.303	0.227
2-甲基-1-庚烯	37.850	784.736	0.173	碳十一烯(7)	70.242	1082.174	0.043
碳八烯(7)	38.092	786.690	0.358	碳十芳烃(4)	70.575	1085.590	0.004
辛烯	38.400	789.178	0.186	未定性组分	70.775	1087.641	0.008
碳八烯	38.533	790.252	0.005	碳十一烯(8)	70.908	1089.005	0.007
顺1-乙基-3-甲基环戊烷	38.658	791.262	0.125	碳十一环烷(1)	71.192	1091.918	0.027
碳八烯(8)	38.983	793.886	0.439	碳十一环烷(2)	71.442	1094.482	0.036
反3-辛烯	39.350	796.850	0.071	碳十一芳烃(2)	71.717	1097.303	0.018
正辛烷	39.742	800.017	0.326	正十一烷	71.975	1099.949	0.004
碳八环烯(1)	39.900	801.362	0.202	碳十一环烷(3)	72.183	1102.450	0.030

续表

组分	保留时间/min	保留指数	质量分数/%	组分	保留时间/min	保留指数	质量分数/%
反 2-辛烯	40.092	802.996	0.246	碳十二链烷(2)	72.492	1106.178	0.003
碳八环烯(2)	40.383	805.472	0.067	未定性组分	72.650	1108.085	0.006
碳八环烯(3)	40.558	806.962	0.673	1,2,4,5-四甲基苯	72.850	1110.498	0.017
2,4,4-三甲基己烷	40.925	810.085	0.112	1,2,3,5-四甲基苯	73.175	1114.420	0.021
碳九烯(1)	41.300	813.277	0.016	碳十二链烷(4)	73.467	1117.944	0.009
碳九烯(2)	41.475	814.766	0.016	碳十二链烷(5)	73.633	1119.947	0.014
2,3,5-三甲基己烷	41.617	815.974	0.011	碳十二链烷(6)	73.725	1121.057	0.019
顺 1-甲基-2-乙基环戊烷	42.133	820.366	0.173	未定性组分	74.233	1127.187	0.017
碳八环烯(4)	42.292	821.719	0.098	碳十二链烷(10)	74.608	1131.712	0.016
2,4-二甲基庚烷	42.600	824.340	0.205	未定性组分	74.833	1134.427	0.017
顺 1,2-二甲基环己烷	42.917	827.038	0.116	碳十二链烷(11)	75.208	1138.953	0.009
2,6-二甲基庚烷	43.375	830.936	0.292	碳十一芳烃(5)	75.442	1141.776	0.008
丙基环戊烷	43.525	832.213	0.175	碳十一芳烃(6)	75.650	1144.286	0.002
碳九烯(5)	43.850	834.979	0.266	4-甲基茚满	75.792	1146.000	0.009
2,5-二甲基庚烷	44.192	837.889	0.364	碳十一芳烃(7)	76.125	1150.018	0.006
3,5-二甲基庚烷	44.342	839.166	0.054	未定性组分	76.942	1159.877	0.003
未定性组分	44.467	840.230	0.033	4-甲基十一烷	77.050	1161.180	0.005
1,1,4-三甲基环己烷	44.608	841.430	0.112	2-甲基十一烷	77.400	1165.404	0.008
碳九烯(6)	44.892	843.847	0.111	碳十一芳烃(11)	77.767	1169.832	0.006
碳九环烷(2)	45.125	845.830	0.155	未定性组分	78.383	1177.266	0.048

(3) 典型的催化裂化汽油 PONA 组成分析结果(表 4-3)

表 4-3　催化汽油的 PONA 组成分析结果

碳原子数	正构烷烃/%	异构烷烃/%	烯烃/%	环烷烃/%	芳烃/%	总计/%
4	0.02	0	0.04	0	0	0.050
5	0.36	9.18	10.55	0.58	0	20.68
6	0.33	10.29	11.58	2.86	0.75	25.81
7	0.48	5.45	8.47	3.14	3.02	20.55
8	0.33	3.65	4.07	1.03	5.77	14.85
9	0.04	3.08	2.25	0.87	6.06	12.30
10	0.02	1.76	0.65	0.09	1.19	3.71
11	0	0.72	0.53	0.09	0.04	1.39
12	0	0.14	0	0	0	0.14
合计	1.58	34.27	38.14	8.66	16.83	99.48
未定性组分						0.52

4.3 汽油总硫和总氮质量浓度的测定(紫外荧光法)

油品中的含硫化合物和含氮化合物燃烧后产生 SO_x、NO_x，给人类赖以生存的环境造成严重的污染。因此，硫和氮质量浓度是石油产品质量控制的重要指标，车用汽柴油中的硫、氮质量浓度也都有相应的国家标准。硫和氮是原油主要的组成元素，质量浓度仅次于碳和氢。原油经过加工后，其自身含有的硫和氮仍会部分残留在油品中，油品需经过加氢精制后方可达到质量指标。

油品中硫化物主要存在形式有元素硫，硫化氢及硫醇、硫醚、二硫化物、噻吩等类型的有机含硫化合物。元素硫、硫化氢及具有弱酸性的硫醇都直接对金属有不同程度的腐蚀作用，所以被称为活性硫化物。硫醇主要分布在轻质油品中。硫醚和二硫化物为中性硫化物，本身不具有腐蚀性，但在受热的条件下会分解并产生具有强烈腐蚀性的元素硫和硫化氢，其主要分布在中间馏分中。噻吩类硫化物的结构相当稳定，为非活性硫化物，对金属设备无腐蚀性，其主要分布在中间馏分和重馏分中。在油品的精制过程中，噻吩硫比硫醇硫和硫醚硫更难脱除。

油品中的氮质量浓度要比硫质量浓度低，绝大部分以杂环化合物形式存在，脂肪族含氮化合物在石油中很少发现。在油品精制过程中，氮化物比硫化物更难脱除。油品中的氮化物可分为碱性含氮化合物和非碱性含氮化合物两大类。碱性含氮化合物主要为吡啶、喹啉、异喹啉和吖啶类化合物，非碱性含氮化合物主要为卟啉类化合物。

4.3.1 实验目的

(1) 掌握油品中硫化物和氮化物的质量浓度、组成和分布特点；

(2) 了解车用汽、柴油国家标准中硫、氮质量浓度的相关规定；

(3) 掌握用紫外荧光法分析汽油中总硫、总氮质量浓度。

4.3.2 原理和方法

1. 硫质量浓度分析

硫质量浓度分析采用紫外荧光法测定。待测汽油由载气携带，经过膜式干燥器脱去水分，进入反应室。在反应室 1050℃左右的高温下，待测汽油被完全汽化并发生氧化裂解，其中的硫化物定量地转化为 SO_2。反应生成的 SO_2 受到特定波长的紫外线照射，并吸收这种射线使一些电子转向高能轨道，随后高能轨道电子退回到它们的原轨道时，能量就以光的形式释放出来，并用光电倍增管按特定波长检测接收，发射的荧光对于硫来讲完全是特定的，并且与待测试样中硫的质量浓度成正比。这一信号再经微电流放大器放大、计算机数据处理，即可转换为与光强度成正比的电信号，通过测量其大小即可计算出相应待测试样的含硫量。

2. 氮质量浓度分析

氮质量浓度分析采用化学发光检测原理。反应气由载气携带，经过膜式干燥器脱去水分，进入反应室。在反应室 1 050℃左右的高温下，试样被完全汽化并发生氧化裂解，其中的氮化物定量地转化为 NO。亚稳态的 NO 在反应室内与来自臭氧发生器的 O_3 气体发生反应，转化为激发态的 NO_2^* 。当激发态的 NO_2^* 跃迁到基态时发射出光子，光信号由光电倍增管按特定波长检测接收。再经微电流放大器放大、计算机数据处理，即可转换为与光强度成正比的电信号。在一定的条件下，反应中的化学发光强度与 NO 的生成量成正比，而 NO 的量又与试样中的氮质量浓度成正比，故可以通过测定化学发光的强度来测定试样中的含氮量。

4.3.3　仪器和试剂

(1) 荧光硫氮分析仪，分析范围：10^{-9}～10^{-2}的硫、氮质量浓度；进样量：气体 5～15mL、液体 1～20μL、固体量小于 20mg；裂解炉管温度达到 1 100℃，精度为 1℃。

(2) 高纯氩气：纯度为 99.99%。

(3) 高纯氧气：纯度为 99.99%。

(4) 微量注射器：10μL，3 个。

4.3.4　准备工作

(1) 根据待测试样的浓度范围，配置成三种或三种以上不同浓度的硫、氮标准样品。标准样品的浓度应接近待测试样的硫、氮质量浓度范围。

(2) 将所需测量的试样用离心管装好，硫质量浓度太高的试样需提前稀释。

4.3.5　测试步骤

(1) 仪器开启。打开高纯氩和高纯氧钢瓶，调整氩气和氧气的输出压力，分别为 0.3MPa 和 0.4MPa，将炉管温度设定为 1 050℃。待炉管温度升至所设定的温度，仪器稳定 30min 后开始进行测试。

(2) 绘制标准样品曲线。将标准样品依次进入荧光硫氮分析仪进行测定，进样量为 4μL，每种试样多次进样的误差不超过 5%。具体操作流程如下。

在 ANTEK 软件系统界面点击“Calibration”，然后点击“File”，建立一个新文件。用进样器移取 4μL 标样，将其固定在自动进样器上，每次的位置要一致。点击“Run”，以标准样品的浓度为名称命名，点击“OK”，即开始进样。同一浓度的标准样品多次测试结果的误差应在 5%以内，如果误差不在允许范围之内，应该点击“Remove”，将不符合要求的点去掉，重新进样测试，以保证测试的精度。

用不同浓度的标样测试结果绘制成一条标准直线。

(3) 试样硫、氮质量浓度测定。将测试软件主页面从“Calibration”转换点击至“Sample”，开始准备测试样品。自定义文件名称及待测试样名称，每次测试时用微量注射器移取 4μL 试样，将进样器固定在自动进样器上，点击“OK”，开始进样。每个试样重复测试 2～3 次，第一针待测试样进完之后，点击“Insert after”，即可再次进样。

如需测试另一新的试样，则重新命名，重复以上操作。

试样测试完毕后，点击“Print”，可进行测试结果的打印。

(4) 测试完毕后,退出 ANTEK 软件系统。

(5) 先将炉管温度设定至 300℃以下,待温度降到所设定关机的温度后,关闭分析仪电源及自动进样器电源,关掉氩气和氧气钢瓶。

4.3.6 测试结果报告和精度要求

(1) 重复测试的三次结果的算术平均值作为试样中总硫、总氮质量浓度的测定结果。

(2) 重复测试的两个结果相差不能超过 5%。

(3) 本方法测定的试样中硫、氮质量浓度的单位为 mg/L,除以密度即可换算成 μg/g。

4.3.7 注意事项

(1) 开启荧光硫氮分析仪,炉管温度升至 1 050℃后,需稳定 30min 后开始测试。

(2) 确保每次注射试样的量为 4μL,误差不超过 5%。误差超过 5%的测试点应去掉,重新进样测试,以保证测试的精度。

4.3.8 思考题

(1) 测定油品中的硫、氮质量浓度对于油品的生产和应用具有什么意义?

(2) 用荧光硫氮仪测定油品中硫、氮质量浓度有何优点?试简述其工作原理。

(3) 为什么在测试试样之前需要绘制标准样品曲线?

(4) 仪器关闭前,为什么要先降低炉管温度?

(5) 所测定试样的硫、氮质量浓度为多少?达到国家标准哪一级?

4.4 航空煤油碘值的测定

不饱和烃可与碘发生加成反应。碘值是指 100g 油品所能吸收碘的质量(以克数表示),碘值越大表明油品中的不饱和烃质量分数越高。不饱和烃是油品的非理想组分,它不稳定,极易被空气中的氧气所氧化;在较高温度下,其本身产生自由基,进而引发不饱和烃分子或非烃类化合物发生缩合反应,形成胶状黏稠物,从而降低油品的安定性。因此碘值的大小反映出油品中不饱和烃的质量分数,也可间接衡量油品的安定性。喷气燃料(航空煤油)储存安定性指标与汽油、柴油有些类似,如碘值等。

4.4.1 实验目的

(1) 掌握油品碘值与组成之间的关系;

(2) 了解碘值在油品生产、使用和储运中的意义;

(3) 掌握油品碘值的测定方法。

4.4.2　原理和方法

在碘的乙醇溶液与航空煤油产生作用后，航空煤油中的不饱和烃与碘起加成反应，生成碘化物，用硫代硫酸钠溶液滴定剩余的碘。以 100g 航空煤油所能吸收碘的克数表示碘值。不饱和烃质量分数根据航空煤油的碘值和平均相对分子质量来计算。

4.4.3　仪器和试剂

（1）滴瓶：带磨砂口滴管，容积约 20mL；或玻璃安瓿容积约为 0.5～1mL，其末端应拉成毛细管。

（2）碘量瓶：500mL。

（3）量筒：25mL，250mL，2 个。

（4）滴定管：25mL，50mL，2 个。

（5）吸管瓶：2mL，2 个。

（6）95%乙醇或无水乙醇：分析纯。

（7）碘：分析纯，配成碘乙醇溶液。配制时，将 20g±0.5g 碘溶解于 95%乙醇中。

（8）碘化钾：化学纯，配成 20%水溶液。

（9）硫代硫酸钠：配制成 0.1mol/L 标准溶液。

（10）淀粉：新配制的 0.5%水溶液。

4.4.4　测试步骤

（1）待测航空煤油先经过定性滤纸过滤，然后使用滴瓶称取准确量的航空煤油。将试样航空煤油注入滴瓶中称重，从滴瓶中吸取试样约 0.5mL，滴入已注有 15mL95%乙醇的碘量瓶中。将滴瓶称重，两次称量都必须称准至 0.000 4g，按差数计算所取试样量。

（2）用吸量管把 25mL 碘乙醇溶液注入碘量瓶中，用预先经碘化钾溶液湿润的塞子塞好瓶口，小心摇动碘量瓶，然后加入 150mL 蒸馏水，用塞子将瓶口塞好。再摇动 5min，采用旋转式摇动，速度约为 120～150r/min；静置 5min，摇动和静置时室温应在 20℃±5℃，如果高于或低于此温度，可将加入的蒸馏水预先冷却或加热至 20℃。然后加入 25mL20%碘化钾溶液，随即用蒸馏水冲洗瓶塞和瓶颈，用 0.1mol/L 硫代硫酸钠溶液滴定。当碘量瓶中混合物呈现浅黄色时，加入 0.5%淀粉溶液 1～2mL，继续用 0.1mol/L 硫代硫酸钠标准溶液滴定，直至混合物的蓝紫色消失为止。

（3）按测试步骤（1）和（2）进行空白试验。

4.4.5　测试结果计算

1. 试样的碘值 *I*（克碘/100 克油）的计算

试样的碘值 I 按式（4-8）计算：

$$I=\frac{(V-V_1)T\times 100}{G} \tag{4-8}$$

式中 V——空白实验时滴定所消耗的 0.1mol/L 硫代硫酸钠标准溶液的体积，mL；

V_1——试样测试时滴定所消耗的 0.1mol/L 硫代硫酸钠标准溶液的体积，mL；

T——硫代硫酸钠标准溶液的滴定度，以每毫升所相当碘的克数表示；

G——试样的质量，g。

硫代硫酸钠标准溶液的滴定度按下述方法测定：准确称量升华纯碘，溶解于碘化钾溶液中，以淀粉溶液作指示剂，用 0.1mol/L 硫代硫酸钠标准溶液滴定至蓝紫色消失为止。用滴定时所消耗硫代硫酸钠标准溶液的毫升数除以碘的克数所得的商，就是硫代硫酸钠标准溶液的滴定度。

2. 不饱和烃质量分数的计算

试样的不饱和烃质量分数 X(%)按式(4-9)计算：

$$X=\frac{IM}{254} \tag{4-9}$$

式中 I——试样的碘值，克碘/100g；

M——试样中不饱和烃的平均相对分子质量，可由表 4-4 查得(可用内插法计算)；

254——碘的相对分子质量。

表 4-4 不饱和烃的平均相对分子质量(M)

试样的 50%馏出温度/℃	M	试样的 50%馏出温度/℃	M
50	77	175	144
75	87	200	161
100	99	225	180
125	113	250	200
150	128		

4.4.6 测试结果报告和精度要求

(1) 取重复测定的两个结果的算术平均值作为试样的碘值。

(2) 重复测定的两个碘值结果之差不应超过较小结果的 10%。

4.4.7 注意事项

(1) 为了减少空气中的氧将碘离子氧化成单质碘，造成测试结果的误差，在反应和滴定过程中，不能过度摇动，并且迅速完成相关操作。

(2) 严格执行 4.4.4 测试步骤(2)中摇动 5min，静置 5min 的规定，因为反应时间长短对测试的结果有影响，过长和过短都会引起误差。

(3) 必须在接近化学计量点时加入淀粉指示剂，以利于淀粉与碘能够形成配位化合物，便于滴定终点的观察。

4.4.8　思考题

(1) 试述油品碘值测试方法的原理，写出有关化学方程式。
(2) 实验室使用的试剂主要分为哪些等级？
(3) 在进行油品碘值测定时为什么要进行空白试验？
(4) 为什么要加入碘化钾溶液？
(5) 为什么要加入淀粉溶液？何时加入为好？
(6) 引起测定结果误差的来源有哪些？

4.5　煤油闪点的测定（闭口杯法）

油品具有挥发性，随温度升高，挥发加快。当挥发成蒸气的油品和空气的混合物与明火接触时，会闪出火花，把这种短暂的燃烧过程叫做闪燃，把发生闪燃的最低温度叫做闪点。油品的闪点分为闭口闪点和开口闪点，用规定的闭口闪点测定器测得的闪点叫做闭口闪点。车用燃料和航空燃料等轻质油品挥发性较强，通常又在封闭的环境中储存和使用，一般测定闭口闪点。

闪点是油品的一个安全性指标，在石油产品质量标准中有明确的规定。闪点是油品危险等级划分的依据，闪点在 45℃以下的为易燃油品，闪点在 45℃以上的为可燃油品。按闪点的高低，油品在储存、运输和使用过程中需采用相应的安全措施。

根据闪点可以判断油品馏分组成的轻重，馏分组成较轻的油品，闪点较低；相反，馏分组成较重的油品，则具有较高的闪点。

4.5.1　实验目的

(1) 掌握油品闪点与组成之间的关系；
(2) 了解闪点在油品生产、使用和储运中的意义；
(3) 掌握油品闭口闪点的测定方法。

4.5.2　原理和方法

在规定条件下，用恒定的速率加热闭口杯中的油品，当油品的蒸气与空气的混合气接触火焰发生闪火时的最低温度，为该油品的闪点。

4.5.3　仪器

闭口闪点试验器：如图 4-3 所示，符合 GB/T261—2008《石油产品闪点的测定——宾斯基-马丁闭口杯法》。

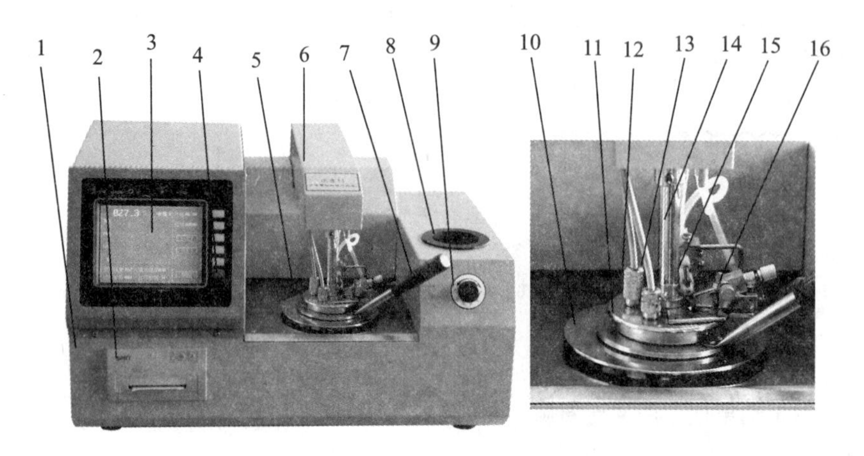

图 4-3　石油产品闭口闪点测定器

1—电源开关；2—打印机；3—液晶显示屏；4—操作键盘；5—加热试验装置(见序号 10～16)；6—升降臂；7—试样油杯；8—杯座；9—火焰调节旋钮；10—加热浴套；11—杯盖；12—温度传感器；13—闪点检测传感器；14—搅拌轴；15—引火口；16—点火器

4.5.4　准备工作

(1) 当待测煤油的水分超过 0.05%时，必须脱水。脱水处理方法为：在煤油中加入新煅烧并冷却的食盐、硫酸钠或无水氯化钙，取上层澄清部分供测试使用。

(2) 液化气或乙炔气经减压阀接入气源插孔内并检查是否漏气。

(3) 开机，选择仪器自检，检查仪器大臂能否自动抬起。若仪器大臂无法抬起停止测试，以免发生危险。

(4) 测试油杯用石油醚清洗干净。

(5) 试样注入油杯时，试样和油杯的温度都不应高于试样脱水的温度。杯中试样要装满到环状标记处。

(6) 用检定过的气压计，测出测试时的实际大气压力 p。

4.5.5　测试步骤

(1) 将装好试样的油杯放入加热浴套中。

(2) 打开电源开关，按参数设置键进入参数设置界面。输入预置温度、预置标号、大气压强、滞后温度、打印状态设置，并按保存退出键返回主界面。

(3) 按样品测试键，并点击“开始”，升降臂自动落下，气源接通，开始计时，进入测试工作界面。

(4) 打开液化气或乙炔气开关，长按侧面红色小圆点开关，将点火器的引火点燃，调节火焰调节旋钮并将火焰调整到接近球形，直径为 3～4mm。

(5) 当试样温度到达预置温度前 20℃时，每经 1℃进行点火试验，如试样未到达闪点，一直点火至预置温度后的滞后温度。

(6) 测试过程中仔细观察现象，当预置温度值偏低并接近达到上限时，按滞后温度，每按一次温度延后 10℃。

(7) 检测到闪点后，仪器自动停止，打印测试数据。

4.5.6　测试结果计算

全自动闭口闪点测定仪内部具有自动校正大气压的功能，也可采用以下方法进行手动校正。

观察和记录大气压力，按式(4-10)或式(4-11)计算在标准大气压力 101.3kPa(760mmHg)时闪点修正数 Δt(℃)。观察到的闪点数值加修正数，修正后以整数报告结果。

$$\Delta t = 0.25 \times (101.3 - p) \tag{4-10}$$

$$\Delta t = 0.034\ 5 \times (760 - p) \tag{4-11}$$

式中，p 为实际大气压力。式(4-10)中 p 的单位为 kPa；式(4-11)中 p 的单位为 mmHg。此外，式(4-11)修正数 Δt(℃)还可以从表 4-5 中查出。

表 4-5　温度修正值 Δt

大气压力/mmHg	修正数 Δt/℃
630～658	+4
659～687	+3
688～716	+2
717～745	+1
775～803	−1

4.5.7　测试结果报告和精度要求

(1) 取重复测定的两个结果的算术平均值作为试样的闪点。

(2) 重复测定的两个结果之差不应超过 2℃。

(3) 由两个实验室提出的两个结果之差不应超过 4℃。

4.5.8　注意事项

(1) 测试结果与加入试样量有关，因为油量的多少会影响液面以上的空间容积，影响油蒸气和空气混合物的浓度。油量多，测得的结果比正常值低；油量少，测得的结果偏高。

(2) 测试结果与点火用火焰大小、离液面高低及停留时间有关。点火用的球形火焰直径较规定的大，则所得结果偏低；火焰在液面移动的时间越长，离液面越低，则所得结果偏低。反之，则比正常值高。

(3) 测试结果与加热速度有关。加热速度快，单位时间给予油品的热量多，蒸发快，使空气中油蒸气浓度提前达到爆炸下限，测定结果偏低；加热速度过慢时，测定时间长，推迟了使油蒸气和空气的混合物达到闪火浓度的时间，使结果偏高。

(4) 试样含水会对闪点测定结果产生影响。加热时，分散在试样中的水分汽化形成水蒸气，有时形成气泡覆盖于液面上，影响试样的正常汽化，推迟了闪火时间，使测定结果偏高。因此，闭口闪点测定法规定水分大于0.05%时必须脱水。

(5) 闪点测定器要放在避风和较暗的地点，才便于观察闪火。

4.5.9 思考题

(1) 什么是油品的闪点？对于油品的生产、储运和使用具有什么意义？

(2) 为什么测定油品闪点时油品中不能含有水分？

(3) 在测试过程中哪些因素会影响闪点测定的结果？

(4) 如果第一次扫描即检测到油品闪点，此测试数据是否有效？为什么？

4.6 煤油浊点和结晶点的测定

油品在规定条件下开始呈现浑浊时的最高温度称为浊点，此时油品中出现了许多肉眼看不见的微小晶粒，呈现不透明状态。有肉眼可辨的晶体析出时的最高温度称为结晶点，此时油品仍处在可流动的状态。油品在低温下出现浑浊和结晶的原因是油品中存在熔点较高的正构烷烃和溶解水，油品含有的正构烷烃和溶解水越多，浊点和结晶点就越高。

油品中正构烷烃的质量分数取决于加工原油和加工工艺，而溶解水的质量分数与油品的组成和温度有关。在组成油品的烃类化合物中芳香烃的吸水性最强，比其他的烃类大9～14倍，为此在航空燃料的质量指标中规定了芳烃质量分数的上限；同一烃类的吸水性随相对分子质量增大而减弱；所有烃类化合物都随温度升高吸水性增强。

浊点是煤油的低温流动性质量指标。在温度低于浊点的环境中使用煤油时，析出的细小结晶会堵塞灯芯，使灯芯无法吸油，导致灯火熄灭。结晶点是航空燃料的低温流动性质量指标。在高空低温下工作的航空发动机，如果使用结晶点不合格的燃料，则可能出现烃结晶和冰结晶析出，堵塞滤网，从而破坏正常供油，甚至导致发动机熄火。因此我国对航空燃料的结晶点做出了明确的规定。

4.6.1 实验目的

(1) 掌握油品浊点和结晶点与组成之间的关系；

(2) 了解浊点和结晶点在油品生产、使用和储运中的意义；

(3) 掌握油品浊点和结晶点的测定方法。

4.6.2　原理和方法

煤油在规定条件下冷却，开始呈现混浊时的最高温度为浊点，用肉眼看出有晶体析出的最高温度为结晶点。

4.6.3　仪器和试剂

(1) 双壁试管：如图 4－4 所示，试管上端的两条支管，可以是封闭的或敞开的。
(2) 搅拌器：如图 4－4 所示，用铝丝制成，使用手摇或电磁搅拌。
(3) 广口保温瓶：容器盖上有插试管、温度计和加干冰的孔。
(4) 水银温度计：供测定浊点和结晶点高于－35℃的油品试样使用。
(5) 低温液体温度计：供测量冷液温度用。
(6) 试管架：供放置双壁试管用。
(7) 干冰。
(8) 无水乙醇：化学纯。
(9) 工业乙醇。

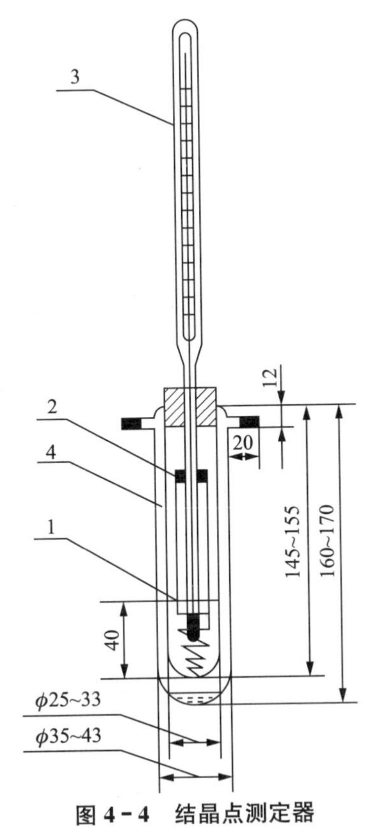

图 4－4　结晶点测定器

1—搅拌器；2—温度计；3—环形标线；4—双壁试管

4.6.4 测试步骤

1. 未脱水试样浊点和结晶点的测定

(1) 测定前充分摇荡试样,混合均匀。

(2) 取两支清洁干燥的双壁试管。

第一支试管装待测的煤油试样,如试管支管未焊闭,则向夹层中注入 0.5~1mL 无水乙醇,再在一端用夹子夹紧的橡皮管封闭支管孔口。将已混合均匀的试样注入试管内直至标线处。

第二支试管也用待测的煤油试样装到标线处,作为标准物,供参照用。

每支试管都用带有温度计和搅拌器的橡皮塞塞住,保证温度计位于试管的中心,温度计底部与内试管底部距离为 15mm。

(3) 在装有低温温度计的冷液容器中,注入乙醇,再慢慢地加入干冰,使冷液的温度逐渐下降到比试样预期浊点低 15℃±2℃。将装有试样的第一支试管通过盖上的孔口,插到冷剂容器中。容器中所装冷液液面,必须比试管试样液面高 30~40mm。

(4) 浊点的测定。在冷却时,搅拌器以每分钟 60~200 次(搅拌器下降到管底再提起到液面作为搅拌一次)的速度进行试样搅拌。使用手摇搅拌器时,连续搅拌的时间至少为 20s,搅拌中断的时间不应超过 15s。

在达到预期的浊点前 3℃时,从冷液中取出试管,迅速放在一杯工业乙醇中浸一浸,然后在透光良好的条件下,将这支试管插在试管架上,与并排的标准物进行比较,观察试样的状态。每次观察所需时间,即从冷液中取出试管的一瞬间起,到把试管放回冷液中的一瞬间止,不得超过 12s。

如果试样与标准物比较,没有发生异样(或有轻微的色泽变化,但在进一步降低温度时,颜色不再变深,这时应认为尚未达到浊点),将试管放入冷液中,以后每经 1℃就观察一次,仍要同标准物进行比较,直至试样开始呈现浑浊为止。试样开始呈现浑浊时的温度就是浊点。

如果只是检查试样的浊点是否符合标准的要求,就按测试步骤(3)和(4)的规定,在浊点前 1℃和规定的浊点上进行观察。

(5) 结晶点的测定。在测定浊点后,将冷液温度下降到比所测的结晶点前 3℃时,从冷液中取出试管,迅速放在一杯工业乙醇中浸一浸,然后观察试样的状态。如果试样中未呈现晶体,再将试管放入冷液中,以后每经 1℃观察一次,每次观察所需的时间不应超过 12s。

当试样中开始呈现为肉眼所能看到的晶体时的温度就是结晶点。

2. 脱水试样浊点的测定

(1) 在测试前,将试样用干燥的滤纸过滤。如果试样中含有水,必须预先脱水。脱水的方法是在试样中加入新煅烧过的粉状硫酸钠,或加入新煅烧过的粒状氧化钙,振荡 10~15min;澄清后,再经干燥的滤纸过滤。然后按测定步骤中 1)(2)的规定安装试管。

(2) 将装有试样与温度计的试管放入 80~100℃的水浴中,使试样温度达到 50℃±1℃。

(3) 在装有低温温度计的冷液容器中注入工业乙醇,再加入干冰,使冷剂的温度下降到比试样的预期浊点低 10℃±1℃。容器中冷液的液面,必须比试管中试样液面高 30~40mm。

(4) 将装试样的试管从水浴中取出,垂直地固定在支架上,在室温中静置,直至试样冷却至 30~40℃,再将试管插在装有冷液的容器中。

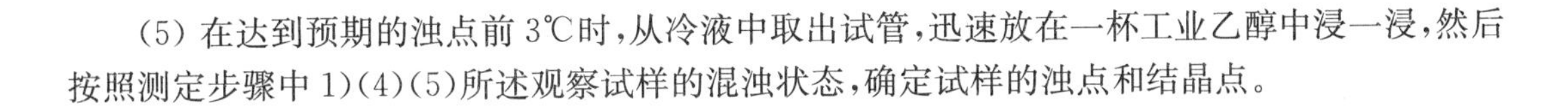

(5) 在达到预期的浊点前 3℃时，从冷液中取出试管，迅速放在一杯工业乙醇中浸一浸，然后按照测定步骤中 1)(4)(5)所述观察试样的混浊状态，确定试样的浊点和结晶点。

4.6.5　测试结果报告和精度要求

(1) 取重复测定的两个结果的算术平均值作为试样的浊点或结晶点。

(2) 重复测试的两个测定结果之差不应超过 2℃。

4.6.6　注意事项

(1) 试管温度计和搅拌器本身必须是洁净干燥的，以免带进微量水分而影响测定结果。

(2) 注意未脱水试样及脱水试样测定条件的差别。

(3) 冷浴温度应保持比预期的浊点和结晶点低 15℃±2℃，如温差过大，降温速度过快会造成测定结果偏高。

(4) 测试中所用的双壁玻璃试管没有焊闭，则应加入 0.5～1mL 无水乙醇，以防止试管夹层壁中结霜。

(5) 进行第二次测试时，必须在洁净干燥的试管中装入未经测定的试样。

4.6.7　思考题

(1) 测定油品的浊点和结晶点有何意义?

(2) 油品的浊点和结晶点受哪些因素的影响?

(3) 未脱水试样及脱水试样测定条件有何差别?

(4) 如何提高油品浊点和结晶点测定的准确性?

(5) 所测定油品的浊点或结晶点是否达到质量指标? 若没有达到，试分析可能的原因。

4.7　柴油运动黏度的测定

液体在受外力作用发生相对移动时，分子之间产生了阻碍液体流动的阻力，这个内摩擦阻力被称为黏度。黏度是反映油品流动性能的物性参数，与油品的组成和温度密切相关。油品常用的黏度为动力黏度和运动黏度。动力黏度表示的是油品在一定的剪切应力下流动时内摩擦力的量值，其值为所加于流动油品的剪切应力与剪切率之比值，某温度 t 时油品的动力黏度用符号 η_t 表示。同一温度下油品的动力黏度与其密度之比值为该油品的运动黏度，用符号 υ_t 表示。在工程计算和实际生产中常用运动黏度。

油品黏度的大小与其化学组成、馏分组成、温度等密切相关。在相同碳原子数时，各种烃类的黏度大小次序为：正构烷烃＜异构烷烃＜环烷烃＜芳香烃，而且随环数的增加及异构程度的增大而增大，也就是说，含环烃多的油品具有较高的黏度。同类烃中，随相对分子质量增大，分子间引力增大，黏度也增大，因此油品的馏分越重，其黏度就越大。温度对油品的黏度的影响是随温度上升而减小，最终趋近一个极限值，各种油品的极限黏度都非常接近。

黏度是油品的重要质量指标，在石油产品标准中均有明确的规定。黏度是润滑油的最主要质量指标，是划分润滑油牌号的依据。润滑油的黏度对于发动机的启动性能、磨损程度、功率损失等有直接的影响，因此选用黏度合适的润滑油才能保证发动机具有稳定可靠的工作状态。若润滑油的黏度选得过大，则流动性差，在机器启动时不能迅速流到各摩擦点去，使之得不到有效润滑；黏度过小，则不能保证润滑效果，容易造成机件干摩擦。对于航空燃料和柴油来说，黏度对油品的输送、雾化、燃烧及油泵润滑等有重要的影响。黏度合适，则喷射的油滴小而均匀，燃烧完全；黏度过大，雾化效果不良，油滴过大，燃烧不完全，发动机功率降低，易形成积炭。在油品流动及输送过程中，黏度是重要的水力学参数，是设计计算过程中不可缺少的物理常数。

4.7.1 实验目的

(1) 掌握油品黏度与组成之间的关系；

(2) 了解黏度在油品生产、使用和储运中的意义；

(3) 掌握油品黏度的测定方法。

4.7.2 原理和方法

本方法采用毛细管法测定柴油的黏度，其测定原理是泊肃叶(Poiseuille)方程：

$$\eta=\frac{\pi r^4}{8VL}\cdot p\tau \tag{4-12}$$

式中 η——运动黏度，Pa·s；

r——毛细管半径，m；

V——在时间 τ 内从毛细管流出的试样体积，m^3；

L——毛细管长度，m；

τ——试样流出所需的时间，s；

p——试样流动所受的压力，即毛细管两端的压力差。

试样在毛细管内流动所受的压力为

$$p=h\rho g \tag{4-13}$$

式中 h——液柱高度，m；

ρ——液柱密度，g/cm^3；

g——重力加速度，m/s^2。

则试样的运动黏度为

$$\begin{aligned}\upsilon &=\frac{\eta}{\rho}\\ &=\frac{\pi r^4\cdot h\rho g\cdot\tau}{8VL\cdot\rho}\\ &=\frac{\pi r^4 hg}{8VL}\cdot\tau\end{aligned} \tag{4-14}$$

对于指定的毛细管黏度计来说，其直径、长度和液柱高度都是固定的，因此式(4－14)中的 r、L、V、h、g 均为常数，式(4－14)可写为

$$\upsilon=c\cdot\tau \tag{4-15}$$

式中，c 称为毛细管常数，$c=\frac{\pi r^4hg}{8VL}$，它与毛细管黏度计的几何形状有关，而与温度无关。

由此可见，只要预先测定了常数 c，就可以根据试样流过毛细管的时间来确定黏度。在某一恒定的温度下，测定一定体积的试样在重力作用下流过一个标定好的毛细管黏度计的时间，黏度计的毛细管常数与流动时间的乘积，即为该温度下所测试样的运动黏度。该温度下运动黏度和同温度下的密度之积为该温度下试样的动力黏度。

4.7.3　仪器和试剂

(1) 玻璃毛细管黏度计。玻璃毛细管黏度计的结构如图 4－5 所示，预先进行检定并确定常数。

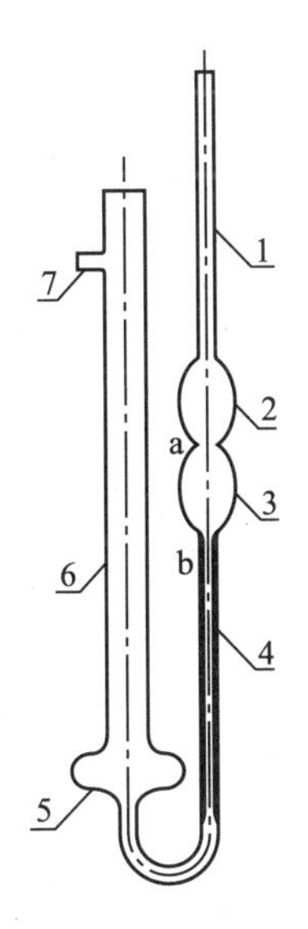

图 4－5　毛细管黏度计

1,6—管身；2,3,5—扩张部分；4—毛细管；7—支管；a,b—标线

毛细管内径有 0.4mm，0.6mm，0.8mm，1.0mm，1.2mm，1.5mm，2.0mm，2.5mm，3.0mm，3.5mm，4.0mm，5.0mm 和 6.0mm，应根据试样的黏度和测试的温度选用适当的黏度计，务必使试样的流动时间不少于 200s，内径 0.4mm 的黏度计流动时间不少于 350s。

(2) 恒温水浴。玻璃缸恒温水浴并带有自动搅拌装置和准确调节温度的电热装置，要求高度不小于 180mm，容积不小于 2L。

(3) 玻璃水银温度计：分度为 0.1℃。

(4) 秒表：分度为 0.1s。

(5) 溶剂油。

(6) 铬酸洗液。

(7) 石油醚:60～90℃,化学纯。

(8) 95%乙醇:化学纯。

4.7.4 准备工作

(1) 试样柴油含有水或机械杂质时,在测试前必须经过脱水处理,并用滤纸过滤除去机械杂质。

(2) 在测定试样的黏度之前,应将黏度计用溶剂油或石油醚洗涤,如果黏度计沾有污垢,就用铬酸洗液、水、蒸馏水或95%乙醇依次洗涤,然后放入烘箱中烘干。

(3) 在毛细管黏度计内装入试样。将橡皮管套在支管7上,并用手指堵住管身6的管口,同时倒置黏度计,然后将管身1插入装有试样的容器中;用橡皮球将试样吸到标线b,同时注意不要使管身1、扩张部分2和3中的试样发生气泡和裂隙。当液面达到标线b时,就从容器里提起黏度计,恢复其正常状态,同时将管身1的管端外壁所沾着的多余试样擦去,并从支管7取下橡皮管套在管身1上。

(4) 用夹子将黏度计固定在支架上,再浸入事先准备好的恒温浴中,深度为毛细管黏度计的扩张部分2浸入一半。温度计用另一夹子固定在水银球位于毛细管的中央点,靠近毛细管的位置,并使温度计上要测温的刻度位于恒温浴的液面上10mm处。

4.7.5 测试步骤

(1) 把装好试样的黏度计浸在恒温浴内,并调整成为垂直状态,利用铅垂线从两个相互垂直的方向去检查毛细管的垂直情况。将恒温水浴温度控制在20℃±0.1℃。

(2) 利用毛细管黏度计管身1口所套着的橡皮管将试样吸入扩张部分3,使试样液面稍高于标线a,并且注意不要让毛细管和扩张部分3内的试样产生气泡和裂隙。

(3) 观察试样在管身中的流动情况,液面正好到达标线a时,打开秒表;液面正好流到标线b时,停止秒表。注意试样的液面在扩张部分3中流动时,不应出现气泡,且恒温水浴温度恒定。

(4) 重复测定流动时间至少4次,要求各次流动时间与其算术平均值的差数应不超过算术平均值的±0.5%。然后,取不少于3次的流动时间的算术平均值,作为本次测试的平均流动时间。

4.7.6 测试结果计算

1. 运动黏度计算

在温度t时,试样的运动黏度υ_t(mm²/s)按式(4-16)计算:

$$\upsilon_t = c\tau_t \qquad (4-16)$$

式中,c为黏度计常数,mm^2/s^2;τ_t为试样的平均流动时间,s。

2. 动力黏度计算

在温度 t 时，试样的动力黏度 η_t(mPa·s)按式(4-17)计算：

$$\eta_t = \upsilon_t \rho_t \tag{4-17}$$

式中，υ_t 为在温度 t 时，试样的运动黏度，mm^2/s；ρ_t 为在温度 t 时，试样的密度，g/cm^3。

4.7.7　测试结果报告和精度要求

(1) 黏度测定结果的数值取 4 位有效数值。

(2) 取重复测定的两个结果的算术平均值作为试样的运动黏度或动力黏度的测定结果。

(3) 重复测定的两个结果之差不应超过表 4-6 中数值。

表 4-6　测定温度与重复性

测定的温度/℃	重复性/%
100～15	算术平均值的 1.0
−30～15	算术平均值的 3.0
−60～−30	算术平均值的 5.0

(4) 由不同操作者在两个实验室提出的两个结果之差不应超过表 4-7 中数值。

表 4-7　测定温度与再现性

测定的温度/℃	再现性/%
100～15	算术平均值的 2.2

4.7.8　注意事项

(1) 黏度计必须干燥透明，无油污，无水垢。黏度计的尺寸与制造的精密性会影响测定油品黏度的精准度，故所用的黏度计必须按标准方法上的要求，仔细检查并符合要求。

(2) 根据测试温度选用试样流动时间不少于 200s 的相当直径的黏度计。如果液体在毛细管内流动时间过长，速度过慢，由于测定时间内不容易保持温度恒定，温度的波动造成测定结果不准；如果流动时间过短，速度过快，易形成湍流，读数也易出现误差，使测试结果出现较大的偏差。

(3) 温度对油品的黏度影响很大，温度变化超过 0.1℃ 就会影响测试结果。故在测定运动黏度过程中，必须严格控制测试温度。

(4) 在安装黏度计时，必须从两个互相垂直的方向将黏度计调整成垂直状态。如果黏度计不垂直，液体压差减小，从而流动时间延长，黏度测试结果偏大。

(5) 装入黏度计的试样量要严格控制，量过多过少都会影响到试样所受重力的作用，从而影响测定结果。

(6) 吸油时试样不允许带有气泡，由于气泡有浮力，在毛细管中难于靠重力流下去，从而产生阻力，使测试结果偏大。

4.7.9 思考题

(1) 什么是黏度？常用的油品黏度有几种？

(2) 为什么说黏度是油品的质量指标？

(3) 油品的组成对其黏度有何影响？

(4) 如何正确选择黏度计？

(5) 正确测定油品黏度的关键因素有哪些？

(6) 所测定的柴油的黏度是否达到质量标准？

4.8 柴油密度的测定(比重瓶法)

密度是石油及其产品的最常用的物理性质。密度是指在一定温度时单位体积内物质的质量。我国将20℃时的密度作为标准密度，用20℃时油品的密度与4℃时纯水的密度之比表示油品的相对密度，符号 d_4^{20}，量纲为一。由于水在4℃时的密度等于1g/cm^3，因此油品相对密度 d_4^{20} 与标准密度在数值上相等。欧美国家常用15.6℃(60℉)时的密度作为标准密度，与15.6℃时纯水密度之比作为相对密度，用符号 $d_4^{15.6}$ 表示，量纲为一，在数值上与标准密度不同。

密度是油品重要的理化性质，是控制石油炼制过程和评定石油产品质量的重要指标，也是石油炼制工艺装置设计计算的依据。在原油市场上，密度是最重要的定价指标之一，一般地原油密度越小，质量越轻，价格就越高。

密度反映油品的元素组成和化学组成。对于相同馏程的油品，碳、氧、硫、氮、金属等元素质量分数越多，其密度就越大；而氢元素质量分数越多，则密度越小。各种烃类化合物的密度有大小，其次序为：芳烃>环烷烃>烷烃，因此油品密度越大，表明其芳烃、胶质和沥青质的质量分数越高；油品密度越小，表明其烷烃质量分数越高。

4.8.1 实验目的

(1) 掌握油品密度与组成之间的关系；

(2) 了解密度在油品生产、使用和储运中的意义；

(3) 掌握用比重瓶法测定油品的密度。

4.8.2 原理和方法

把柴油装入比重瓶中，20℃下恒温，然后称重，根据称出的柴油质量和20℃下该比重瓶中水的质量之比计算柴油的标准密度 ρ_{20}。

4.8.3　仪器和试剂

(1) 比重瓶:瓶颈上带有标线或毛细管磨口塞子,如图 4-6 所示。比重瓶的体积为 25mL。比重瓶有磨口塞型、毛细管塞型、广口型三种,分别用于测定不同油品的密度。测试柴油的密度时,可以用磨口塞型或毛细管塞型比重瓶。

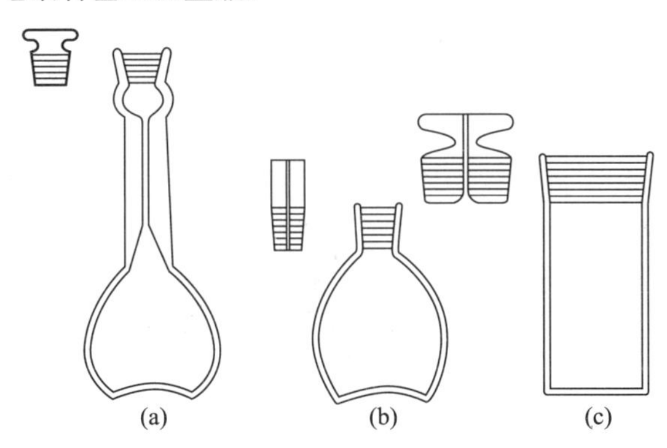

图 4-6　比重瓶

(a)磨口塞型;(b)毛细管塞型;(c)广口型

(2) 恒温浴:深度大于比重瓶高度的水浴,水浴温度能控制在±0.1℃以内。

(3) 温度计:测量范围 0～50℃,分度为 0.1℃。

(4) 比重瓶支架:能支撑比重瓶,使之垂直处在恒温浴中。

(5) 轻汽油或其他溶剂:用于洗涤比重瓶油污。

4.8.4　准备工作

(1) 清除比重瓶和塞子上的油污。先用洗涤溶剂和水彻底清洗比重瓶和塞子,再用蒸馏水冲洗。清洗直至瓶的内、外壁不挂水珠,水能从比重瓶内壁或毛细管塞内完全流出为止,然后干燥。

(2) 比重瓶 20℃水值的测定。将洗涤、干燥好的比重瓶冷却至室温并称重,称准至 0.000 2g,得空比重瓶的质量 m_1。用注射器将新煮沸并冷却至 18～20℃的蒸馏水装满至比重瓶顶端,加上塞子,然后放入 20℃±0.1℃的恒温水浴中,但要注意:恒温水浴不能浸没比重瓶或毛细管上端。将上述装有蒸馏水的比重瓶在恒温浴中至少保持 30min。待温度达到平衡,没有气泡,液面不再变动时,将过剩的蒸馏水用滤纸吸去。对于磨口塞比重瓶,用滤纸吸去标线以上部分的水,盖上磨口。取出比重瓶,用绸布将比重瓶外部擦干,称准至 0.000 2g,得装有水的比重瓶的质量 m_2。比重瓶的 20℃水值 m_{20} 按式(4-18)计算:

$$m_{20}=m_2-m_1 \tag{4-18}$$

式中　m_{20}——比重瓶 20℃的水值,g;

m_2——装有 20℃水的比重瓶质量,g;

m_1——空比重瓶质量,g。

比重瓶的水值应测定3～5次，取其算术平均值作为该比重瓶的水值。

(3) 如果需要测定t℃下的密度，可在所需温度t℃下测定比重瓶的水值m_t，操作方法同准备工作(2)。比重瓶t℃下的水值m_t应测定3～5次，取其算术平均值作为该比重瓶的水值。

(4) 根据使用频繁情况，一定时期后应重新测定比重瓶的水值。

4.8.5 测试步骤

(1) 将恒温水浴调到所需的温度。

(2) 将清洁、干燥的比重瓶称准至0.000 2g。

(3) 将试样用注射器装入已确定水值的比重瓶中，加上塞子。将比重瓶浸入恒温水浴，注意不要使水浴浸没比重瓶塞或毛细管上端。比重瓶在恒温水浴中的放置时间大于20min，待温度达到平衡，没有气泡，试样表面不再变动时，将毛细管顶部或毛细管中过剩的试样用滤纸吸去。对于磨口塞型比重瓶，盖上磨口塞，取出比重瓶，仔细擦干其外部，并称准至0.000 2g，得装有试样的比重瓶质量m_3。

4.8.6 测试结果计算

(1) 试样20℃的密度ρ_{20}，按式(4-19)计算：

$$\rho_{20}=\frac{(m_3-m_1)\times(0.998\,20-0.001\,2)}{m_{20}}+0.001\,2 \tag{4-19}$$

式中 m_3——在20℃时装有试样的比重瓶质量，g；

m_1——空比重瓶质量，g；

m_{20}——在20℃时比重瓶的水值，g；

0.998 20——水的20℃密度，g/cm³；

0.001 2——在20℃、大气压力为760mmHg下的空气密度，g/cm³。

(2) 试样t℃的密度，按式(4-20)计算：

$$\rho_t=\frac{(m_3-m_1)\times(\delta-0.001\,2)}{m_t}+0.001\,2 \tag{4-20}$$

式中 m_3——在t℃时装有试样的比重瓶质量，g；

m_1——空比重瓶质量，g；

m_t——在t℃时比重瓶的水值(在t℃下装有水的比重瓶质量减去空比重瓶质量)，g；

δ——水在t℃时的密度，g/cm³，见表4-8。

4.8.7 测试结果报告和精度要求

(1) 取重复测定的两个结果的算术平均值作为试样密度。

(2) 重复测定的两个结果之差不应超过0.000 4g/cm³。

4.8.8　注意事项

(1) 比重瓶有三种型式，磨口塞型适用于除黏性油品外的各种试样，通常多用于较易挥发的油品如汽油等，它能有效防止油品的挥发，有膨胀室，可用于室温高于测定温度的情况。毛细管塞型适用于不易挥发的油品如润滑油，但不适用黏度太高的油品。广口型适用于测定高黏度的油品如重油等，或固体产品。

(2) 测定水值的水必须用新煮沸并冷却至 10～20℃的蒸馏水。

(3) 将比重瓶的液面调整到规定的标线时，必须小心细致，尽可能迅速称重，以免油品挥发影响测试结果。

(4) 恒温水浴的温度对测试结果影响很大，必须严格控制好温度，并使其恒定。

4.8.9　思考题

(1) 测定油品的密度对于生产和应用有什么意义?

(2) 测定油品的密度方法有几种?

(3) 油品的密度与组成之间有何关系?

(4) 为什么要测定 20℃的比重瓶水值? 如何测定水值?

(5) 在测试过程中哪些因素会影响密度测定的精度?

(6) 根据所测油品密度的大小，试推测该油品的化学组成特点。

表 4-8　水的密度

温度/℃	密度/(g·cm^{-3})	温度/℃	密度/(g·cm^{-3})	温度/℃	密度/(g·cm^{-3})
0	0.999 84	20	0.998 20	39	0.992 60
1	0.999 90	21	0.997 99	40	0.992 22
2	0.999 94	22	0.997 77	45	0.990 21
3	0.999 96	23	0.997 54	50	0.988 04
4	0.999 97	24	0.997 30	55	0.985 70
5	0.999 96	25	0.997 04	60	0.983 21
6	0.999 94	26	0.996 78	65	0.980 56
7	0.999 90	27	0.996 51	70	0.977 78
8	0.999 85	28	0.996 23	75	0.974 86
9	0.999 78	29	0.995 94	80	0.971 80
10	0.999 70	30	0.995 65	85	0.968 62
11	0.999 60	31	0.995 34	90	0.965 31
12	0.999 50	32	0.995 03	95	0.961 89

续表

温度/℃	密度/(g·cm⁻³)	温度/℃	密度/(g·cm⁻³)	温度/℃	密度/(g·cm⁻³)
13	0.999 38	33	0.994 70	98.89	0.959 14
14	0.999 24	34	0.994 37	100	0.958 35
15	0.999 10	35	0.994 03		
16	0.998 94	36	0.993 68		
17	0.998 77	37	0.993 33		
18	0.998 60	37.78	0.993 05		
19	0.998 40	38	0.992 97		

4.9 柴油酸度的测定

酸度是反映油品酸性物质含量的指标。中和100mL油品所需氢氧化钾的质量(以毫克数表示)称为酸度,用mgKOH/100mL表示,多用于汽油、煤油、柴油等轻质产品。对于润滑油等重质油品一般用酸值反映其酸性物质的含量。中和1g油品所需氢氧化钾的质量(以毫克数表示)称为酸值,单位为mgKOH/g。

酸度和酸值是评价油品腐蚀性的重要指标。油品的酸度(值)与其腐蚀性的强弱之间有一定的联系,一般来说,酸度(值)越高,油品中所含的酸性物质就越多,腐蚀性也就越强。油品中的酸性物质来源于两个方面:一是油品本身含有的有机酸如环烷酸、脂肪酸、酚类化合物、硫醇等;二是在储存和使用过程中氧化生成的酸性产物。有些精制不好的油品中还可能含有少量无机酸。当油品中酸性物质含量较多及存在水分时,对金属的腐蚀较强。同一种类的有机酸存在分子越小腐蚀性越强的规律。

我国石油产品标准中对各种油品的酸度(值)均有明确的规定。使用酸度较高的汽油会使汽油机燃料供给系统的零件受到腐蚀;使用酸度较大的柴油不仅会使柴油机燃料供给系统受到腐蚀,还会使柴油发动机增加积炭,造成活塞磨损和喷嘴结焦。润滑油在使用一段时间后,由于油品受到氧化逐渐变质,表现为酸值增大,从酸值的变化可以来判断其变质程度,确定是否应当更换。

4.9.1 实验目的

(1) 掌握油品中酸性物质种类、来源及危害;

(2) 了解酸度(值)在油品生产、使用和储运中的意义;

(3) 掌握油品酸度(值)的测定方法。

4.9.2　原理和方法

柴油酸度的测定是用沸腾的乙醇抽提出柴油中的酸性物质，然后用氢氧化钾-乙醇溶液进行滴定。根据柴油的颜色不同选择酚酞、甲酚红、碱性蓝等不同的指示剂。

4.9.3　仪器和试剂

(1) 锥形烧瓶：250mL。

(2) 球形回流冷凝管：长约 300mm。

(3) 量筒：25mL、50mL、100mL，3 个。

(4) 微量滴定管：2mL，分度为 0.02mL；或 5mL，分度为 0.05mL。

(5) 电热板或水浴。

(6) 95%乙醇：分析纯。精制乙醇：用硝酸银和氢氧化钾溶液处理后，再经沉淀和蒸馏。

(7) 氢氧化钾：分析纯，配成 0.05mol/L 氢氧化钾-乙醇溶液。

(8) 碱性蓝：指示剂，适用于测定深色石油产品。

(9) 甲酚红：指示剂。

4.9.4　测试步骤

(1) 取 95%乙醇 50mL 注入清洁无水的锥形烧瓶内。用装有回流冷凝管的软木塞塞住锥形烧瓶之后，将 95%乙醇煮沸 5min。注意：新软木塞需先用乙醇煮沸后方可使用。

(2) 在煮沸过的 95%乙醇中加入 0.5mL 的碱性蓝溶液(或甲酚红溶液)后，在不断摇荡下趁热用 0.05mol/L 氢氧化钾-乙醇溶液使 95%乙醇中和，直至锥形烧瓶中的混合物从蓝色变成浅红色(或甲酚红溶液从黄色变为紫红色)为止。

(3) 在 20℃±3℃下，量取待测柴油 20mL，倒入中和过的热的 95%乙醇中。在锥形烧瓶上装上回流冷凝管之后，将锥形烧瓶中的混合物煮沸 5min，对于已加有碱性蓝溶液或甲酚红溶液的混合物，此时应再加入 0.5mL 的碱性蓝溶液或甲酚红溶液，不断摇荡下趁热用 0.05mol/L 氢氧化钾-乙醇溶液滴定，直至 95%乙醇溶液层的碱性蓝溶液从蓝色变为浅红色(甲酚红溶液从黄色变为紫红色)为止。

在每次滴定过程中，自锥形烧瓶停止加热到滴定达到终点，所经过的时间不应超过 3min。

4.9.5　测试结果计算

试样的酸度 X(mgKOH/100mL)按式(4-21)和式(4-22)计算：

$$X=\frac{100V\cdot T}{V_1} \tag{4-21}$$

$$T=56.1\times N \tag{4-22}$$

式中 V——滴定时所消耗的氢氧化钾-乙醇溶液的体积，mL；

V_1——试样的体积，mL；

T——氢氧化钾-乙醇溶液的滴定度，mgKOH/mL；

56.1——氢氧化钾的克当量；

N——氢氧化钾-乙醇溶液的物质的量浓度。

4.9.6 测试结果报告和精度要求

(1) 取重复测定的两个结果的算术平均值作为试样的酸度(值)。

(2) 重复测定的两个结果间的允许差数不应超过 0.3mgKOH/100mL。

4.9.7 注意事项

(1) 乙醇对油品中酸性物质抽提的完全程度对测定结果影响很大。采用95%乙醇作为溶剂是因为乙醇对有机酸的溶解性好，而它所含的5%水分对油品中可能存在的少量无机酸溶解度比乙醇高，因而采用95%乙醇作为溶剂。由于只有沸腾乙醇才能把油品中的有机酸抽提出来，因此回流时间应从开始出现第一滴回流液时开始计时，否则结果偏低。

(2) CO_2 在乙醇中的溶解度比在水中大3倍，所以乙醇需煮沸5min，目的是赶走 CO_2。由于乙醇在油品的上面，在滴定过程中容易接触空气中的 CO_2，而碱性蓝对 CO_2 十分敏感，如果滴定时间过长，因 CO_2 重新溶入溶液内使结果偏高，所以回流后的试样必须趁热迅速滴定。

(3) 指示剂加入量不能超过规定，以免引起较大误差，因为碱性蓝和酚酞都有弱酸性，同时量多也会使变色缓慢。

(4) 滴定终点的判断对测定结果影响很大。选用碱性蓝色指示剂时，以蓝紫色消失刚出现浅红色为终点；选用酚酞为指示剂时，以出现浅红玫瑰色为终点。

4.9.8 思考题

(1) 何谓酸度和酸值？通常油品中含有哪些酸性物质？

(2) 测定油品酸度(值)有何意义？

(3) 在酸度测定过程中为什么采用95%乙醇抽提油品中的酸性物质？

(4) 如何判断各种指示剂的滴定终点？

(5) 在测试过程中哪些是影响测试结果的关键因素？

(6) 所测定的柴油的酸度是否达到质量指标？若没有达到质量标准，可采用哪些技术降低柴油酸度？

4.10 柴油水分的测定

水分是石油产品一个重要的质量指标，在汽油、柴油、润滑油和航空燃料的技术质量指标中都规定不含有水分。油品中的水分是在生产、运输、储存过程中混入的，而且油品中的烃类化合物本身也都具有一定的吸水性。

水在油品中的存在有三种形式：①游离水，指油品中析出的较大水滴，呈油水分离状态；②悬浮水，指分散在油品中的细小水滴，呈乳化状态；③溶解水，以分子状态存在于烃类化合物分子之间，呈均相状态。在石油产品标准中规定不含有水分，指的是不含有游离水和悬浮水。油品中的溶解水很难去除，其含量主要取决于油品的化学组成、温度和空气湿度。烃类化合物都有一定的溶解水的能力，芳烃特别是苯溶解水的能力较强，而其他烃类化合物溶解水的能力较弱。温度越高，接触空气的湿度越大，油品中的溶解水分越多。

油品含有水分会产生一系列危害。油品中含有水分，会使油品的冰点、结晶点、凝点、倾点等低温流动性指标明显升高，导致其低温流动性变差。水分在低温下凝结成冰粒，造成油路和滤网堵塞，供油中断，引起发动机熄火。油品中含有水分，会带入溶解性的无机盐，使油品产生腐蚀作用，并促进油品中胶质的生成。润滑油含有水分，会使润滑油乳化，破坏添加剂效用和润滑油膜，使润滑油使用性能变差。

4.10.1　实验目的

(1) 掌握油品中水分的存在形式和来源；
(2) 了解水分在油品生产、使用和储运中的危害；
(3) 掌握油品水分的测定方法。

4.10.2　原理和方法

将柴油与无水溶剂在水分测定器中加热回流。由于溶剂沸点较低，先汽化并将柴油中水分携带出来，经冷凝后流入水分接收器中，溶剂与水在接收器中分层，从接收器的刻度得到水分含量，以质量分数表示之。

4.10.3　仪器和试剂

(1) 水分测定器：如图 4－7 所示。
(2) 电炉。
(3) 无釉瓷片或浮石或一端封闭的玻璃毛细管，在使用前必须烘干。
(4) 一端带橡皮头的玻璃棒或一端带鸭毛的金属丝。
(5) 溶剂：工业溶剂油或直馏汽油 80℃以上的馏分。
(6) 量筒：100mL。

4.10.4　测试步骤

(1) 将水分测定器的烧瓶、接收器洗净烘干，冷凝管内部用干净棉花擦干。
(2) 溶剂先用无水氯化钙脱水，然后过滤。
(3) 将已摇匀的 100g 待测试样柴油倒入水分测定器的烧瓶中，柴油称准至 0.1g。如不是正

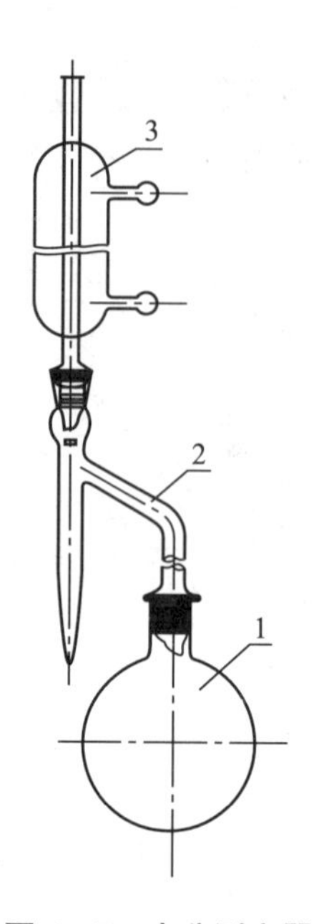

图 4-7　水分测定器

1—圆底烧瓶；2—接收器；3—冷凝管

好为 100g 试样，则如实记下试样的质量。对于黏度小的试样也可用量筒量取 100mL 注入烧瓶中，再用这个未经洗涤的量筒量取 100mL 溶剂。

(4) 用量筒量取 100mL 溶剂，倒入烧瓶中，摇动烧瓶使待测试样和溶剂均匀混合，然后投入数片无釉瓷片或浮石或一端封口的玻璃毛细管。

(5) 安装水分测定器。将接收器 2 的支管紧密地安装在烧瓶 1 上，使支管斜口进入烧瓶 15～20mm，然后将冷凝管 3 安装在接受管上，如图 4-7 所示。这两处的连接一般为磨口或用软木塞。如果磨口连接，在安装时应先在磨口上抹上薄层密封脂，以防不易拆卸和漏气。

安装时必须注意，冷凝管与接收器必须垂直；冷凝管下端的斜口切面与接收器支管管口相对；用干净棉花将冷凝管上端轻轻挡住。

(6) 用变压器控制电炉并加热烧瓶，调节回流速度使冷凝管斜口每秒滴下 2～4 滴液体。开始加热要快些，当油品开始汽化、沸腾时，立即减小加热强度，保持一定的回流速度。

(7) 测定时，水蒸气与溶剂蒸气一起蒸出，在冷凝器下部冷凝冷却后流入接收器中，水分沉于底部，多余溶剂流回蒸馏烧瓶，最初的冷凝液是混浊的，当水分逐渐增多时，水层呈清液，溶剂也逐渐变清，最后成为澄清液体。

(8) 蒸馏将近结束时，如冷凝管内壁上沾有水滴，则应加大电流，使烧瓶中混合物迅速剧烈沸腾，利用大量的冷凝溶剂将水滴尽量吸入接收器中。

当接收器中收集的水体积不再增加，而水层上面的溶剂层完全透明时，停止加热。回流时间不应超过 1h。

(9) 停止加热后，如冷凝管壁上仍沾有水滴，可从冷凝管上端倒入经过脱水的溶剂，把水滴冲入接收器，如冲洗依然无效，则用带鸭毛的金属丝或带橡皮头的玻璃棒的一端，由上口伸入冷凝管中将水滴刮进接收器中。

(10) 待烧瓶冷却后，将仪器拆卸开，读出接收器中水的体积。如接收器中溶剂呈现浑浊，而且接收器底收集的水不超过 0.3mL 时，将接收器放入热水中浸 20～30min，使溶剂澄清，再将接收器冷却到室温，读出接收器中收集水的体积。

4.10.5　测试结果计算

(1) 试样中水分的质量分数 X，按式(4-23)计算：

$$X=\frac{100V}{G} \tag{4-23}$$

式中，V 为接收器中收集的水体积，mL；G 为试样质量，g。

水在室温时密度可近似为 1g/cm^3，因此用水的毫升数作为水的克数。

(2) 试样中水分的体积分数 Y，按式(4-24)计算：

$$Y=\frac{V\cdot\rho}{G}\times 100 \tag{4-24}$$

式中　V——接收器中收集水的体积，mL；

ρ——注入烧瓶时的试样的密度，g/mL；

G——试样的质量，g。

注意：量取 100mL 试样时，在接收器中收集水的体积(以毫升数表示)，可以作为试样的水分体积分数测定结果。

4.10.6　测试结果报告和精度要求

(1) 取重复测定的两个结果的算术平均值作为试样的水分。

(2) 两次重复测试过程中收集的水的体积之差不应超过接收器的一个刻度。

(3) 试样水分少于 0.03%，认为是痕迹；在仪器拆卸后接收器中没有水存在，认为试样无水。

4.10.7　注意事项

(1) 使用的仪器必须清洁干燥，溶剂必须严格脱水过滤。

(2) 在取样前必须将试样充分摇匀，使取样具有代表性，这是测定结果准确与否的关键。

(3) 应严格控制蒸馏速度，使从冷凝管斜口每秒滴下 2～4 滴蒸馏液，太慢使测定时间长，溶剂因汽化而量减少，降低了对试样中水分汽化的携带能力，使结果偏低；太快则易产生突沸。

(4) 对于含水较多的试样，在加热时必须小心，切不可加热太快，以免产生剧烈的沸腾现象，造成水蒸气与溶剂蒸气一起喷出冷凝管外，引起火灾。

(5) 当试样中水分含量超过 10%时，可酌情减少试样量，使蒸出的水分不超过 10mL，但也要注意到试样称量太少时，会降低试样的代表性，影响测定结果的准确性。

4.10.8 思考题

（1）水分在油品中有哪些存在形式？对油品的生产、储运和使用有何危害？

（2）为什么需要在测试的油品中放入少许无釉瓷片或浮石或一端封口的玻璃毛细管？

（3）加热速度的快慢对测试结果会产生怎样的影响？

（4）哪些因素会影响测定油品水分的准确性？

（5）所测定的柴油中是否含有水分？若含有水分，试分析试样柴油中水分的存在形式和可采用的脱除方法。

4.11 柴油苯胺点的测定

等体积的油品与苯胺混合成为单一液相时的最低温度即是油品的苯胺点。油品中的各种烃类化合物在苯胺中的溶解度是不同的，一般地相同碳原子数的烷烃苯胺点最高，环烷烃次之，烯烃及环烯烃又次之，芳香烃最低；对于同一类烃，苯胺点随着相对分子质量增大和沸点的升高而升高，但上升的幅度较小。苯胺点可以反映油品的组成特性，大致判断油品中所含烃类化合物的情况，通常油品中含芳香烃量越少，苯胺点就越高。由于苯胺点测定方法和仪器简单，因此常用苯胺点的数据来计算一些与油品组成相关的性质，如计算反映柴油发火性能的柴油指数，进而根据柴油指数和十六烷值之间的关系计算柴油的十六烷值；根据除去芳香烃前后汽油的苯胺点，计算汽油的烃族组成等。

4.11.1 实验目的

（1）掌握油品苯胺点与组成之间的关系；

（2）了解油品苯胺点的用途；

（3）掌握油品苯胺点的测定方法。

4.11.2 原理和方法

将柴油与等体积的苯胺相混合，当加热到两者能互相溶解成为均匀透明单一液相时的最低温度，即为苯胺点，亦称为柴油在等体积苯胺中的临界溶解温度。

4.11.3 仪器和试剂

（1）苯胺点测定器：如图 4－8 所示。

（2）移液管：10mm 两支，均配有橡皮球。

（3）苯胺：分析纯。用这种苯胺所测得的正庚烷的苯胺点应为 69.3℃±0.2℃。若测试用苯胺达不到此要求，则需要精制。

（4）工业用硫酸钠：经煅烧并放入干燥器中冷却。

(5) 氢氧化钾或氢氧化钠:化学纯。

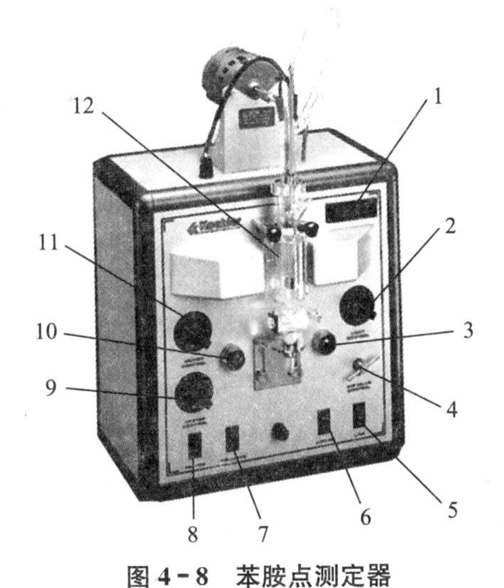

图 4-8　苯胺点测定器

1—温度显示屏;2—灯光强度调节旋钮;3—指示灯;4—空气调节阀;5—电源开关;6—电机开关;
7—空气阀;8—加热开关;9—灯光调节旋钮;10—指示灯;11—转速调节旋钮;12—玻璃测试池

4.11.4　准备工作

(1) 苯胺如果不合乎上述要求,需先进行精制,步骤如下:在苯胺中先加入适量的固体氢氧化钾或氢氧化钠进行脱水。过滤后,进行蒸馏,收集 10%~90%的馏出物。注意:苯胺蒸气有毒,需在通风橱中进行蒸馏。所收集的馏出物应储放在暗色的瓶子里,瓶外用黑纸包住,加入固体氢氧化钾或氢氧化钠,以防苯胺受潮,使用时取澄清部分。精制后苯胺的密度 $\rho_{20}=1.022\sim1.023\text{g/cm}^3$,折光率 $n_{20}^{\text{D}}=1.586\ 3$,浊点为$-6.5\sim-6.0$℃,沸点为 184.4℃。

(2) 待测试样如果含水,用硫酸钠脱水。在试样中加入新煅烧的硫酸钠,用量约为试油的 1/3,摇荡至少 2min,再放置至少 1h,然后经过滤除去硫酸钠。

如试样含有析出的石蜡时,应微热试油,使石蜡完全溶化后才能进行过滤。

4.11.5　测试步骤

(1) 用两支移液管分别将 10mL 苯胺及 10mL 待测试样注入耐热玻璃测试池中。注意:测试池中无液体时,严禁打开加热器。

(2) 打开控制面板电源开关,调节控制面板左上角电机转速旋钮,设定值为 50~70,确保苯胺与待测试样混合均匀。

(3) 打开加热开关,开始对苯胺与待测试样的混合物加热。将加热开关旋钮开到最大。

(4) 打开照明开关,调节灯光强度至最大,此时面板绿色指示灯将开始闪烁,继续调节灯光强度,直到面板红色指示灯开始闪烁。调节灯光强度到绿色、红色指示灯交替闪烁,此时混合物清澈和混浊交替变化。调节加热开关旋钮到绿色指示灯和红色指示灯闪烁频率一致。在苯胺点温度达到后，绿色指示灯和红色指示灯闪烁的频率将一致。等待30s，确保相平衡，记录为苯胺点。此时温度显示屏上显示的温度为苯胺点。

（5）关闭加热器，打开活塞，将混合物排放到废液桶，用石油醚清洗整个玻璃耐热池。

（6）关闭电机开关和主电源。

4.11.6 测试结果报告和精度要求

（1）取重复测定的两个结果的算术平均值作为试样的苯胺点。

（2）对于浅色油品，重复测定的两个结果之差不应超过0.2℃；对于深色油品，重复测定的两个结果之差不应超过0.4℃。

4.11.7 注意事项

（1）苯胺纯度对测试结果影响很大，测定时需用新蒸馏的干燥苯胺，以免含氧化物或水影响测定结果。苯胺如果含水，可使苯胺点升高5～6℃。

（2）待测试样必须是中性的。因为强碱性的苯胺与试样中的酸性物质反应，生成的产物是浑浊的，导致看不清苯胺点，从而影响测定结果。

（3）必须量取等体积的试样及苯胺，否则对测试结果会有影响。

（4）浅色油样选择较低的光强度，深色油样选择较高的光强度。

（5）苯胺暴露在空气中或在日光下易变为棕色，因此精制后的苯胺应储放在暗色的瓶子里，瓶外用黑纸包住。

4.11.8 思考题

（1）油品的苯胺点有何用途？

（2）油品的组成（包括所含的杂质）对其苯胺点有什么影响？

（3）在测试过程中哪些因素会对苯胺点测定有影响？

4.12 柴油凝点的测定

凝点是指在规定的冷却条件下油品停止流动的最高温度。和纯化合物的凝点有很大的不同，油品的凝点并没有一个固定的温度。油品是成千上万个烃类化合物的混合物，当温度降低时，油品在相当宽的温度范围内被逐渐凝固，而所谓“凝固”只是作为整体来看失去了流动性，并不是所有的组分都变成了固体，因而所测的凝点只是油品凝固过程中的某一点温度。油品在低温下失去流动性的原因有两种：①含有较多蜡的油品，随着温度下降，油品中蜡逐渐结晶析出，形成网络结构，将液态的油包裹在其中，油品因此而失去流动性；②很少含蜡或不含蜡的油品，随着温度下降，黏度迅速增大，大到一定程度油品失去流动性。柴油在低温下失去流动性是因为含有的正构烷烃结晶析出的缘故。

油品凝点的高低，与其化学组成有关。①烃类组成对凝点的影响。不同种类、结构的烃类，其熔点不同，当碳原子数相同时，不同烃类熔点的次序为：正构烷烃>带长侧链的芳烃>环烷烃>异构烷烃，因此含正构烷烃较多的油品凝点较高。②胶质、沥青质质量分数对凝点的影响。在析蜡过程中，适量的胶质、沥青质被吸附在结蜡中心的表面，阻止蜡晶聚集长大，推迟形成网络结构，致使油品的凝点下降。③含水量对凝点的影响。油品中含有的水量超标，凝点明显提高，并且表征油品低温流动性的其他指标如倾点、冰点、冷滤点等均上升。④馏分组成对凝点的影响。馏分组成越重，则油品的凝点越高。

凝点是油品的一项重要质量指标，反映油品在低温时的流动性能，对油品的生产、储运和使用都有重要意义。在生产、储运和使用油品过程中，如果环境温度低于其凝点，则必须具备相应的保温措施，否则会造成管道堵塞的严重后果。我国的柴油牌号是依据凝点来划分的，可分为 10 号、5 号、0 号、－10 号、－20 号、－25 号、－50 号 7 个牌号，凝点分别不高于 10℃、5℃、0℃、－10℃、－20℃、－25℃、－50℃，根据不同地区、不同季节和不同使用要求选用相应牌号的柴油，凝点越低的柴油生产成本越高。在润滑油基础油生产中首先要达到的质量指标之一就是凝点，各种润滑油的使用环境有很大不同，使用温度差异很大，对凝点有不同的要求。

4.12.1　实验目的

(1) 掌握油品的凝点与组成之间的关系；

(2) 了解凝点在油品生产、使用和储运中的意义；

(3) 掌握油品凝点的测定方法。

4.12.2　原理和方法

将柴油装在规定的试管中，并冷却到预期的温度时，将试管倾斜 45°经过 1min，观察液面是否移动。液面不移动时的最高温度作为柴油的凝点。

4.12.3　仪器和试剂

(1) 凝点试验器：如图 4－9 所示，符合 GB/T 510《石油产品凝点测定法》，并可测定石油产品的倾点、浊点、冷滤点。

(2) 圆底试管：高度 160mm±10mm，内径 20mm±1mm，在距管底 30mm 的外壁处有一环形标线。

(3) 圆底玻璃套管：高度 130mm±10mm，内径 40mm±2mm。

(4) 水银温度计：供测试凝点高于－35℃的油品使用。

(5) 无水乙醇：化学纯。

4.12.4　准备工作

(1) 检查一下电源开关、制冷开关，均应置于断开位置。

(2) 将电源插头线接好，应该注意必须有良好的接地线，以确保安全。

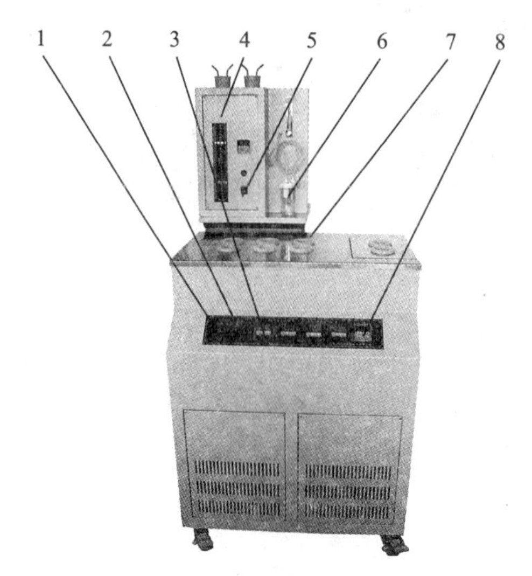

图 4-9 石油产品倾点、凝点、浊点、冷滤点试验器

1—电源开关；2—制冷开关；3—温控表；4—抽空系统；5—抽滤开关；
6—过滤器；7—冷阱；8—数显时间继电器

(3) 打开电源开关，温控表从左至右分别显示对应的浴槽温度，从左至右浴槽的温度可分别设定为－18℃～0、－33～－18℃、－51～－33℃、－69～－51℃。

(4) 根据测试的要求，按温控表的操作使用说明来分别设定冷阱的温度。制冷开关打开后，仪器运转 10min 左右，相对应的浴槽温度开始逐渐下降，在浴槽温度达到控温点并初步恒定后，会在所设定的温度上下波动，约 10min 可达恒温。

(5) 含水的待测试样测试前需要脱水。柴油脱水处理方法：在试样柴油中加入新煅烧的粉状硫酸钠或小粒状氯化钙，并在 10～15min 内定期摇荡，静置，用干燥的滤纸滤取澄清部分。

(6) 在干燥、清洁的试管中注入待测试样，使液面满到环形标线处。用软木塞将温度计固定在试管中央，使水银球距离管底 8～10mm。

(7) 装有试样和温度计的试管，垂直地浸在 50℃±1℃的水浴中，直至试样的温度达到 50℃±1℃为止。

4.12.5 测试步骤

(1) 从水浴中取出装有试样和温度计的试管，擦干外壁，用软木塞将试管牢固地装在套管中，试管外壁与套管内壁要处处距离相等。

装好套管的试管要垂直地固定在支架的夹子上，并放在室温中静置，直至试管中的试样冷却到 35℃±5℃为止。然后将这套仪器浸在凝点试验器右边第一个可以倾斜的浴槽中进行试验。当试样的温度冷却到预期的凝点时，将冷槽倾斜成为 45°，数显时间继电器即自动开始计时工作，到 60s 时仪器会发声报信提示。之后，从冷却剂中小心取出仪器，迅速地用工业乙醇擦试管套外壁，垂直放置仪器，并透过套管观察试管里面的液面是否有过移动的迹象。

注：测定低于 0℃的凝点时，试验前应在套管底部注入 1～2mL 无水乙醇。

（2）当液面位置有移动时，从套管中取出试管，并将试管重新预热至试样达 50℃±1℃，然后用比上次试验温度低 4℃或其他更低的温度重新进行测定，直至某试验温度能使液面位置停止移动为止。

注：试验温度低于－20℃时，重新测定前应将装有试样和温度计的试管放在室温中，待试样温度升至－20℃，才将试管浸在水浴中加热。

（3）当液面位置没有移动时，从套管中取出试管，并将试管重新预热至试样达 50℃±1℃，然后用比上次试验温度高 4℃或其他更高的温度重新进行测定，直至某温度能使液面位置有了移动为止。

（4）找出凝点的温度范围（液面位置从移动到不移动或从不移动到移动的温度范围）之后，就采用比移动的温度低 2℃，或采用比不移动的温度高 2℃，重新进行测试，如此重复测试，直至确定某温度能使试样的液面停留不动而提高 2℃又能使液面移动时，就取使液面不动的温度作为试样的凝点。

（5）试样的凝点必须进行重复测定。第二次测定时的开始试验温度，要比第一次所测出的凝点高 2℃。

4.12.6　测试结果报告和精度要求

（1）取重复测定的两个结果的算术平均值作为试样的凝点。

（2）重复测定的两个结果之差不应超过 2.0℃。

由两个实验室提出的两个结果之差不应超过 4.0℃。

4.12.7　注意事项

（1）试样在分析测试前需要脱水。由于水在 0℃以下会结冰，因此油品中含有的水分对其凝点测定会有影响，使其测试的凝点偏高。

（2）试样必须在水浴中预热到 50℃±1℃，然后放在室温中静置冷却到 35℃±5℃后测试，否则会影响测试结果。如大庆原油经预热后测得凝点为 24℃，而不预热测得凝点为 34℃，可见预热对油品凝点的影响很大。

（3）冷却剂与试样预计凝点的温差要符合规定。如果温差大，则冷却速度过快，油品中的石蜡来不及形成网络结构，而是形成大量细小的蜡晶，使测试的凝点偏低。

（4）在未达到预期凝点前，不要摇动或取出凝点测定仪，否则会破坏结晶中的蜡结构，影响测试结果。

4.12.8　思考题

（1）如何确定油品的凝点？

（2）测定油品凝点有何现实意义？

（3）简述油品在低温下失去流动性的原因及与油品化学组成的关系。

（4）为什么油品需先在水浴中预热到 50℃±1℃，然后在室温中静置冷却到 35℃±5℃后测试？

(5) 试分析影响凝点测试结果精度的因素。

4.13 柴油冷滤点的测定

冷滤点是指在规定条件下，柴油不能通过过滤器的最高温度。柴油在高于其凝点5～10℃时，虽未失去流动性，但已有细小的蜡结晶析出，可能引起供油系统过滤器的堵塞，导致供油中断。大量行车及冷启动试验表明，柴油并不是在凝点温度时才不能使用，其最低的极限使用温度是冷滤点。冷滤点测定仪是模拟车用柴油在低温下流过过滤器的工作状况而设计的。因此，冷滤点比凝点更能反映柴油的低温使用性能。同一柴油的冷滤点比凝点高2～6℃，如果柴油中蜡质量分数高，冷滤点和凝点相差也大。冷滤点是柴油的质量指标之一，在我国石油产品标准中对各牌号的轻柴油的冷滤点都有明确的规定。

4.13.1 实验目的

(1) 掌握柴油冷滤点与组成之间的关系；

(2) 了解柴油冷滤点的用途；

(3) 掌握柴油冷滤点的测定方法。

4.13.2 原理和方法

冷滤点是指在规定条件下冷却柴油，当柴油不能通过363目的过滤器，或20mL柴油通过过滤器的时间大于60s，或柴油不能完全流回试杯时的最高温度。

4.13.3 仪器和试剂

(1) 冷滤点试验器：如图4-9所示的石油产品的倾点、凝点、浊点、冷滤点试验器。

(2) 试杯：玻璃制，平底筒形，内径31.0～32.0mm，壁厚1.0～1.5mm，杯高115～125mm，杯上45mL处有刻线。

(3) 套管：黄铜制，平底筒形，内径45mm，壁厚1.5mm，管高113mm。

(4) 温度计。

(5) 过滤器：各部件均为黄铜制，内有黄铜镶嵌的4#(383目/英寸)不锈钢丝网，用带有外螺纹和支脚的圈环自下端旋入，上紧。

(6) 吸量管：玻璃制，20mL处有一刻线。

(7) 三通阀：玻璃制，分别与吸量管上部、抽空系统、大气连通。

(8) 橡皮塞：用以堵塞试杯的上口，由耐油塑料或其他合适的材料制成。塞子上有三个孔，各用来装温度计、吸量管和通大气支管。

(9) 聚四氟乙烯隔环和垫圈：放入套管内，以支撑试杯。

(10) 冷浴：如果冷浴中需放入一个以上套管，各套管之间的距离至少为50mm。冷却剂可用乙醇加干冰。

(11) 抽空系统：由 U 形管差压计、稳压水槽和水流泵组成。

(12) 溶剂油。

(13) 无水乙醇：化学纯。

4.13.4　测试步骤

(1) 待测柴油如果含水，必须经过脱水后才能测定。

(2) 把套管用支持环固定在石油产品倾点、凝点、浊点、冷滤点试验器的相应冷阱中，套管口用塞子塞紧。

(3) 同凝点的测定方法一样，将冷阱降低至设定温度。

(4) 在室温下将装有温度计、吸量管(已预先与过滤器接好)的橡皮塞塞入盛有 45mL 试样的试杯中，使温度计垂直，并使温度计底部应离试杯底部 1.3～1.7mm。过滤器也应垂直恰好放于试杯底部。打开套管口的塞子，将准备好的试杯垂直放入预先冷却到－33℃±1℃冷阱中的套管内。

(5) 将抽空系统与吸量管上的三通阀连接好。在进行测定前，不要使吸量管与抽空系统接通。开启水流泵进行抽空，U 形管差压计应稳定指示压差为 200mm 水柱。

(6) 当试样被冷却到预测温度时(一般比冷滤点高 5～6℃)，开始第一次测定。转动三通阀，使抽空系统与吸量管相通，同时用秒表计时。由于抽力作用，试样迅速通过过滤器。当试样上升到吸量管 20mL 刻线处时，关闭三通阀，同时停止秒表计时。转动三通阀使吸量管与大气相同，试样自然流回试杯中。

(7) 上一步的操作中，20mL 试样通过过滤器所需要的时间很短，说明在此温度下试样还远没有达到其冷滤点，可使试样温度继续降低 2℃，重复上述的操作。如果时间明显加长，则每降低 1℃重复上条的操作，直至 1min 通过过滤器的试样不足 20mL 为止。记下此时的温度，即为其冷滤点。

如果试样温度降到－20℃，进行上述的操作，还未达到其冷滤点，则在试样自然流回试杯之后，将试杯迅速转移到冷却到－51℃±1℃的冷阱中进行操作，直至达到其冷滤点。如果试样在－35℃还未到冷滤点，则迅速转移到－67℃±1℃冷阱中进行操作，直至达到冷滤点。

如果在 1min 内 20mL 试样通过了过滤器，但当吸量管与大气相通时，试样不能全部流回试杯内，此时的温度也应被认为是该试样的冷滤点。

(8) 如果预计第一次测定温度低于试样冷滤点时，将试杯从套管中取出，加热熔化。如果试油充裕，可将经过冷却的试样倒出，重换新试样，再按上述步骤进行操作。如果试样不充裕，也可将试样加热熔化至 35℃后，再按测试步骤(5)～(7)进行操作。

(9) 测试结束后，将试杯从套管中取出，加热熔化，倒出试样，将测试设备进行洗涤。在试杯内倒入 30～40mL 溶剂油，用洗耳球从三通阀反复抽吸溶剂油 4～5 次。测试时试样在装置内流过的地方都要用溶剂油洗到。将洗涤过的溶剂油倒出，然后用干净的溶剂油重复洗涤一次。最后将试杯、过滤器和吸量管分别用吹风机吹干。

如果吸量管或试杯有焦炭或水珠，用溶剂油洗涤一次后，还需用无水乙醇或苯-乙醇混合溶剂洗涤、吹干。

(10) 将试杯从套管中取出时,套管口要塞好塞子,防止空气中湿气在套管中冷凝成水。夏季操作时空气湿度很大,要严防设备外壁凝聚的水沿管壁流进试样中。

4.13.5 测试结果报告和精度要求

(1) 取重复测试的两个结果的算术平均值作为柴油的冷滤点。

(2) 重复性和再现性应符合表 4-9 的规定。

表 4-9 冷滤点重复性和再现性要求

冷滤点范围/℃	重复性/℃	冷滤点范围/℃	再现性/℃
−3 以上	1	−3 以上	2
−33～−4	2	−14～−4	3
−34 以下	3	−25～−15	4
		−35～−26	5

4.13.6 注意事项

(1) 按方法要求将温度计、过滤器安装在试杯中的规定位置。温度计底部应距离试杯底部1.3～1.7mm,过滤器应垂直接触试杯底部。试杯、温度计、吸量管与胶塞必须严格密闭,防止空气中的水蒸气侵入套管形成冷凝水,使测试结果偏高。

(2) 试杯不能直接接触冷浴内壁,必须使用隔热的毡环和软木垫隔开。如果直接接触会使试杯内的油品局部温度过低,形成蜡结晶,促进蜡晶网络结构的形成,使测试结果偏高。

(3) 吸量管和试杯不能有水,若有水,用溶剂油洗涤一次后,还需用无水乙醇或苯-乙醇混合液洗涤,然后吹干。

(4) 测定时压差计必须稳定,指示压差为 200mm 水柱。抽吸的压力过大,会使结果偏低;抽吸的压力过低,会使结果偏高。

(5) 当第一次测定的温度低于试样的冷滤点时,将试杯从套管中取出,加热熔化。如果试样充裕,应重新更换。如不充裕,可将试样加热熔化至 35℃,加热熔化重复操作不得超过三次。油品经过多次加热、冷却,容易使油品的结晶形式发生变化,影响测试结果。

(6) 滤网、吸量管和试杯的清洗应干净,如果清洗不干净,直接导致测试结果偏小。使用较轻的溶剂油 30～40mL 用吸耳球在吸量管上口处反复抽吸 4～5 次,然后再用干净的溶剂油洗涤一次,用风吹干。

(7) 防止机械杂质或冰粒堵塞滤网。滤网使用 20 次后需更换。

4.13.7 思考题

(1) 测定柴油的冷滤点有何意义?

(2) 冷滤点与凝点有何不同?

(3) 柴油的化学组成对其冷滤点有什么影响?

(4) 为什么在测试过程中要防止水或水蒸气的侵入?

(5) 在测试过程中哪些因素会影响冷滤点的测定精度?

4.14 润滑油闪点的测定(开口杯法)

在闪点温度时,油品本身尚未达到燃烧温度,燃烧的仅仅是油品所蒸发出来的蒸气,表现为一闪即灭的现象,故称为闪点。用规定的开口闪点测定器测得的闪点叫做开口闪点,适用于润滑油和深色油品。通常,同一油品的开口闪点要比闭口闪点高 20～30℃,因为在测开口闪点时,有一部分蒸气扩散到空气中,必须将油品加热到更高的温度,才能使混合气浓度达到闪燃的下限。闪点可以用来判断石油产品在储存和使用时的火灾危险程度。

4.14.1 实验目的

(1) 进一步掌握油品闪点与组成之间的关系;

(2) 进一步了解闪点在油品生产、使用和储运中的意义;

(3) 掌握油品开口闪点的测定方法。

4.14.2 原理和方法

把润滑油装入试样杯中,到规定的刻线。在程序升温控制下首先快速升高试样的温度,然后缓慢升温,当接近闪点时,恒速升温。在规定的温度间隔,用一个小的点火器火焰按规定扫过润滑油表面,点火器火焰使试样表面上的蒸气发生闪火的最低温度,作为开口杯法闪点。

4.14.3 仪器和试剂

开口闪点和燃点试验器:如图 4－10 所示,符合国家标准 GB/T 3536—2008《石油产品闪点和燃点的测定——克利夫兰开口杯法》。

4.14.4 准备工作

(1) 如待测试样的水分超过 0.05%时,必须脱水。脱水处理方法为:在试样中加入新煅烧并冷却的食盐、硫酸钠或无水氯化钙,取上层澄清部分试样供测试使用。

(2) 液化气或乙炔气经减压阀接入气源插孔内,并检查是否漏气。

(3) 开机,选择仪器自检,检查仪器大臂能否自动抬起。若仪器大臂无法抬起停止测试,以免发生危险。

(4) 测试油杯用石油醚清洗干净。

(5) 试样注入油杯时,试样和油杯的温度都不应高于试样脱水的温度。杯中试样要装满到环状标记处。

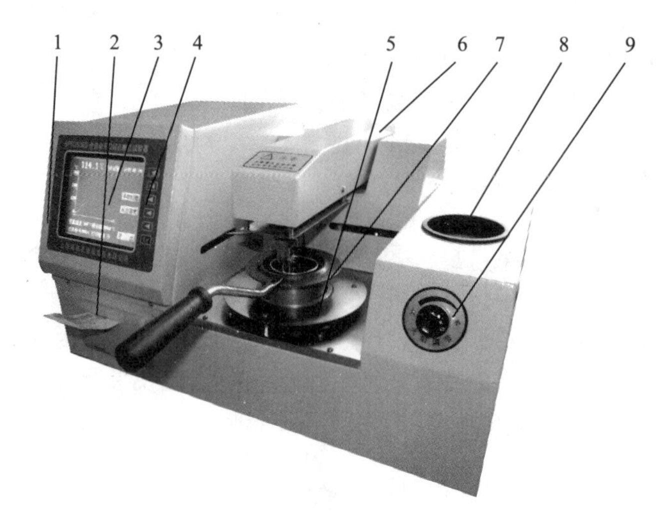

图 4-10 石油产品开口闪点和燃点测定器

1—电源开关；2—打印机；3—液晶显示屏；4—操作键盘；5—加热试验装置；
6—升降臂；7—试样油杯；8—杯座；9—火焰调节旋钮

(6) 用检定过的气压计，测出测试时的实际大气压力 p。

4.14.5 测试步骤

(1) 将装好试样的油杯放入加热浴套中。

(2) 打开电源开关，按参数设置键进入参数设置界面。输入预置温度、预置标号、大气压强、滞后温度、是否测定燃点、打印状态设置。并按“保存”“退出”键返回主界面。

(3) 按样品测试键，并点击开始，升降臂自动落下，气源接通，开始计时，进入测试工作界面。

(4) 打开液化气或乙炔气开关，长按侧面红色小圆点开关，将点火器的引火点燃，调节火焰调节旋钮将火焰调整到接近球形，直径为 3～4mm。

(5) 当试样温度到达预置温度前 28℃时，每经 1℃进行点火试验，如试样未到达闪点，一直点火至预置温度后的滞后温度。

(6) 测试过程仔细观察现象，当预置温度值偏低并接近达到上限时，按滞后温度，每按一次温度延后 10℃。

(7) 检测到闪点后，如不需要测定燃点，仪器自动停止，打印测试数据。如需测定燃点，仪器自动进入燃点测试，直到检测到燃点，仪器停止运行。熄灭火焰，打印测试数据。

4.14.6 测试结果计算

全自动开口闪点燃点测定仪内部具有自动校正大气压的功能，也可采用以下方法进行手动校正。

大气压力低于 99.3kPa(745mmHg)时，测试所得到的闪点 t_0(℃)按式(4-25)进行修正(精确到 1℃)：

$$t_0 = t + \Delta t \tag{4-25}$$

式中　t_0——相当于101.3kPa(760mmHg)大气压力时的闪点,℃；

t——在测试条件下测得的闪点,℃；

Δt——修正数,℃。

大气压力在72.0～101.3kPa(540～760mmHg)内,修正数Δt(℃)可按式(4-26)或式(4-27)计算：

$$\Delta t = (0.000\ 15t + 0.028)(101.3 - p) \times 7.5 \tag{4-26}$$

$$\Delta t = (0.000\ 15t + 0.028)(760 - p_1) \tag{4-27}$$

式中　p——测试条件下的大气压力,kPa；

t——在测试条件下测得的闪点,℃；

p_1——测试条件下的大气压力,mmHg。

对64.0～71.9kPa(480～539 mmHg)大气压力范围,测得闪点的修正数Δt也可参照式4-25或式4-26进行计算。

此外,修正数Δt还可以从表4-10中查出。

表 4-10　不同大气压时温度修正值

闪点和燃点/℃	在下列大气压力[kPa(mmHg)]时修正数 Δt/℃										
	72.0 (540)	74.6 (560)	77.3 (580)	80.0 (600)	82.6 (620)	85.3 (640)	88.0 (660)	90.6 (680)	93.3 (700)	96.0 (720)	98.6 (740)
100	9	9	8	7	6	5	4	3	2	2	1
125	10	9	8	8	7	6	5	4	3	2	1
150	11	10	9	8	7	6	5	4	3	2	1
175	12	11	10	9	8	6	5	4	3	2	1
200	13	12	10	9	8	7	6	5	4	2	1
225	14	12	11	10	9	7	6	5	4	2	1
250	14	13	12	11	9	8	7	5	4	3	1
275	15	14	12	11	10	8	7	6	4	3	1
300	15	15	13	12	10	9	7	6	4	3	1

4.14.7　测试结果报告和精度要求

(1) 取重复测定的两个结果的算术平均值作为试样的闪点。

(2) 重复测定的两个结果之差不应超过表4-11所列数值。

表 4-11　闪点范围与允许误差

闪点范围/℃	允许误差/℃
≤150	4
>150	6

4.14.8　注意事项

（1）测试前应确保检测环清洁，表面无油污和氧化性物质。

（2）所加试样不应过满，对于闪点较高的待测试样，应略低于刻度线，否则高温引起试样膨胀污染检测环，降低检测环的灵敏度，甚至使其不能检测到闪点。

（3）试样的含水量、试样的装入量、加热的速度、点火的控制都会影响闪点的精确测定。

（4）闪点测定器要放在避风和较暗的地点，才便于观察闪火。

（5）注意测试过程的安全，确保实验室内有灭火沙和灭火器。

4.14.9　思考题

（1）测定油品的开口闪点具有什么意义？

（2）测试过程中哪些因素会影响开口闪点的测定结果，为什么？

（3）所测定的油品的闪点是否达到质量标准？

（4）如果油品的闪点过低，可采用什么技术使其达标？

4.15　原油黏度测定（旋转黏度计法）

黏度是原油重要的物理化学性质，直接影响到原油的流动和传热性能，在原油储存和输送的设计计算过程中，黏度是不可缺少的物理常数。旋转黏度计可以测量各种牛顿型流体的绝对黏度和非牛顿型流体的表观黏度。

4.15.1　实验目的

（1）掌握油品黏度与组成之间的关系；

（2）了解黏度在油品生产、使用和储运中的意义；

（3）掌握旋转黏度计法测定油品的黏度。

4.15.2　原理和方法

在两个不同直径的同心圆间的环形间隙中充满待测试样。测定时，外筒固定不动，内筒以恒定的角速度旋转，由于流体的黏性作用，产生一个和其旋转方向相反的剪切应力作用在内筒的表面上，通过测定剪切应力对圆筒轴心产生扭矩的大小，计算出试样的黏度。

4.15.3　仪器

(1) 旋转黏度计：如图 4-11 所示，附有两套测试单元，每套单元包括一个测定容器和若干带有转轴的转筒。测定容器内设有隔水套，可通恒温水。测定容器上部设有两个螺孔，一个用于插入双金属温度计，另一个用螺塞封住。转筒是通过一只位于筒内的 U 形弹簧同转轴相连，悬挂转筒的是一只带挂钩的左旋滚花螺母。

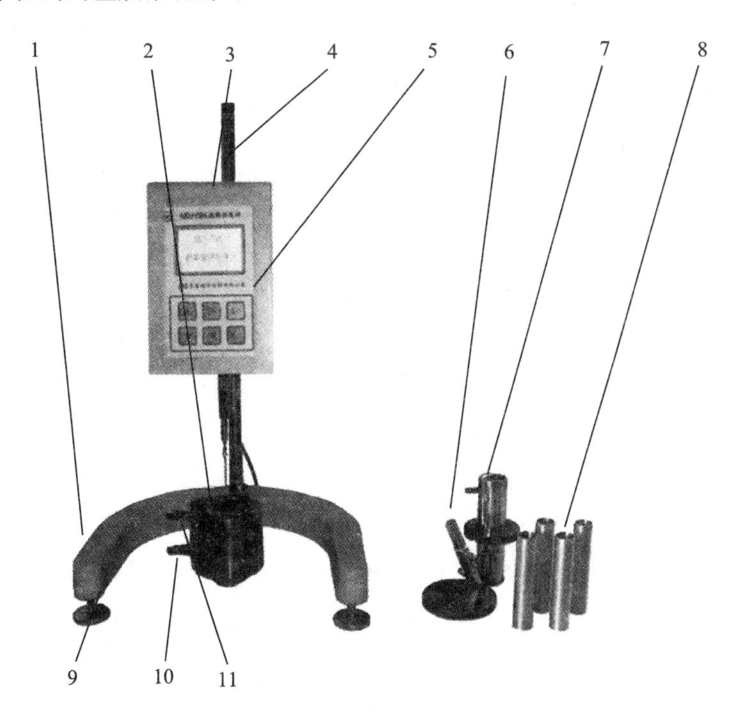

图 4-11　旋转黏度计

1—主机底座；2—第Ⅱ单元测试容器；3—水准泡；4—带齿立柱；5—机头；6—温度器支架；7—第Ⅲ单元测试容器；8—转筒；9—底座螺母；10—进水口；11—出水口

第Ⅱ单元用于高黏度的精确测定，共有三个圆柱状标准转筒(因子分别为 1、10、100)，各转筒测量范围见表 4-12，黏度值为所用转筒的因子乘以刻度读数，测试需要的试样约为 15mL。

表 4-12　第Ⅱ单元测量范围

转筒号	测量范围/(mPa·s)	剪切速率/s^{-1}
1#	$10\sim10^2$	≈2 028
10#	$10^2\sim10^3$	≈344
100#	$10^3\sim10^4$	≈176

用第Ⅱ单元测定高黏度试样时(超过 10 000mPa·s)，可使用两个作为附加装置的减速器，

其减速比为 1∶10 和 1∶100，使转筒的旋转速度相应地减为原值的 1/10 和 1/100，即转速降为 75r/min 和 7.5r/min。1∶10 和 1∶100 的减速器各自的因子分别为 10 和 100，且只适用于因子为 100 的转筒，测量范围见表 4-13。

表 4-13　减速器的测量范围

减速器	测量范围/(mPa·s)	剪切速率/s^{-1}
1∶10	10^4～10^5	≈18
1∶100	10^5～10^6	≈2

使用减速器后黏度值的计算：转筒因子乘以减速器因子再乘以刻度读数，得到 mPa·s 为单位的黏度值。

第Ⅲ单元用于低黏度的精确测定，共有四个圆柱状标准转筒（因子分别为 0.1、0.2、0.4、0.5），各转筒测量范围见表 4-14，黏度值为所用转筒的因子乘以刻度读数，测试需要的试样约为 70mL。第Ⅲ单元不可同减速机一起使用。

表 4-14　第Ⅲ单元测量范围

转筒号	测量范围/(mPa·s)	剪切速率/s^{-1}
0.1	1～10	≈3 550
0.2	2～20	≈1 850
0.4	4～40	≈1 000
0.5	5～50	≈850

(2) 恒温浴：能保持 23℃±0.5℃（也可按要求选用其他温度）。

(3) 温度计：分度为 0.1℃。

(4) 容器：直径不小于 6cm，高度不低于 11cm 的容器。

(5) 秒表：精度为 0.2s。

(6) 量筒：50mL，1 个。

4.15.4　准备工作

1. 零点校正（调零）

黏度计经调试检定合格出厂时，指针的位置应在 5～10 格之间。调零时电动机应在空载旋转情况下，将调零螺丝轻轻旋入，此时指针慢慢回到零点。如果指针已回过零点，不能再将调零螺丝再旋入，此时应反向旋出，否则容易将调零弹簧片折断。测试时的零点校正应在空载下反复三次，确认零位无误，调零结束，进行测试。测试结束后应将调零退出。

2. 转筒连接

第Ⅱ和Ⅲ单元的转筒是通过一只位于筒内的 U 形弹簧同转轴相连，挂钩转轴从筒内拉出 U 形弹簧就可卸下转筒，当重新装上转筒时，将弹簧的两端伸至筒内即可。

3. 减速器的安装与固定

将减速器输入端的联轴节套入电动机输出轴，且与电动机输入轴上的联轴节相啮合，并通过滚花螺栓将减速器固定在细杆端部(细杆位于电动机轴后向下突出)，拧紧螺栓使减速器刚好处于水平位置。然后将左旋滚花螺母旋于减速器输出轴上，并重新调整零点。

4.15.5　测试步骤

(1) 估计被测试样的黏度，按仪器提供的技术参数选择合适的测试系统，使读数在刻度盘的20%～80%内。

(2) 接通恒温水浴电源，使恒温水浴运转，并将循环水接入保温筒内。

(3) 将被测的试样小心倒入测试容器中，直至液面达到锥形面部边缘，再将转筒插入试样，直到完全浸没为止，然后把测试容器安放在仪器托架上，并将转筒挂钩悬挂于仪器左旋滚花螺母的挂钩上。

(4) 接通电流，启动电机并调节至要求的转速。转筒旋转并从开始晃动到对准中心，为加速对准中心可将测试器在托架上前后左右微量移动，当指针稳定后即可读数。如果读数小于10格，应当调换直径大一号的转筒。

(5) 重复测试步骤(4)测定三次，取三位有效数字。

(6) 切断电源，仪器归位，结束实验。

4.15.6　测试结果报告和精度要求

(1) 记录测试温度，测试用转筒号、减速器号，用于计算试样黏度。

试样黏度计算法如下：

黏度值为所用转筒的因子乘以刻度读数；使用减速器后，黏度值为转筒因子乘以减速器因子再乘以刻度读数，得到 mPa · s 为单位的黏度值。

(2) 取重复测定的两个结果的算术平均值作为原油的黏度。

(3) 重复测试的两个结果之差不应超过算术平均值的1%。

4.15.7　思考题

(1) 旋转黏度计适用于哪几种流体黏度的测定？

(2) 用旋转黏度计正确测定原油黏度的关键是什么？

(3) 温度变化会对原油的黏度产生什么影响？

4.16　原油盐质量浓度的测定

原油在地下一般与水共存，开采中又常因注水而使原油含有一定量的水分，在这些水分中存在溶解状的或微粒状的无机盐类化合物，溶解状的无机盐主要是各种卤化物，例如 $NaCl$ 和 $CaCl_2$ 等。这些盐类对原油加工危害很大，必须预先脱除。原油中含盐、含水不仅不利于石油储运、加工，还会造成设备腐蚀、能耗增加、催化剂中毒、管路堵塞、管壁烧穿等危害，因此原油在加工之前首先要进行电脱盐脱水处理。原油的盐质量浓度是电脱盐装置设计或选用的依据。

4.16.1 实验目的

（1）了解原油中盐的存在形式和来源；

（2）了解盐对油品生产、使用和储运过程的危害；

（3）掌握原油盐质量浓度的测定方法。

4.16.2 原理和方法

原油在极性溶剂存在下被加热，然后用水抽提其中的盐，经离心分离后，用注射器将抽提液注入含一定浓度滴定剂的滴定池内，则试样中的 Cl^- 和电解液中的 Ag^+ 发生如下反应：

$$Ag^+ + Cl^- \longrightarrow AgCl$$

电解阳极产生滴定剂 Ag^+，以补充消耗的 Ag^+，直至滴定剂的浓度恢复到原来的浓度，测量补充消耗的 Ag^+ 所需电量，根据法拉第定律即可求得样品中的盐质量分数。

$$W=\frac{M \cdot Q}{n \cdot F} \tag{4-28}$$

式中 W——析出的物质质量，g；

M——析出物质的相对分子质量或相对原子质量；

Q——电解时通过电极的电量；

n——电极反应的电子转移数；

F——法拉第常数，96 500C/mol。

4.16.3 仪器和试剂

（1）盐质量分数测定仪：由计算机、主机、滴定池、搅拌器等部件组成。滴定池的结构示意图如图 4－12 所示。测量的盐质量分数范围：0.2～10 000mgNaCl/L；进样量：1g±0.2g。

（2）冰乙酸、二甲苯、双氧水、无水乙醇：分析纯。

（3）去离子水或二次蒸馏水。

（4）电解液：70％的冰醋酸。配制方法：将 700mL 的冰乙酸与 300mL 的二次蒸馏水于 1 000mL 磨口试剂瓶中混合均匀后，储存于密闭棕色玻璃瓶中备用。

（5）醇-水混合液。配制方法：将 95％乙醇和去离子水按 1∶3 的体积比混合均匀备用。

4.16.4 准备工作

（1）取样和称量。将原油加热至 50～70℃，使其融化，然后再用力摇动取样瓶，使油样充分混合均匀。若取样瓶太大不宜加热或摇动时，可将油样转移至 400mL 烧杯中加热融化，用玻璃

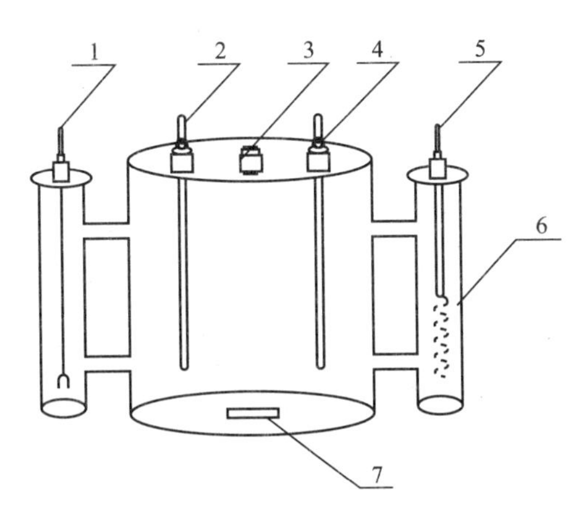

图 4－12　滴定池的结构示意图

1—参考极；2—测量极；3—进样口；4—阳极；5—阴极；6—滴定池；7—搅拌子

棒剧烈搅拌使试样均匀，并快速称取约 1.00g 试样于离心管中，加入 1.5mL 二甲苯，2.0mL 醇-水混合液。

(2) 将离心管放入 70～80℃的水浴中，加热 1min，取出后用混合器快速混合 1min，再加热 1min，再混合 1min，然后放入离心机内，在 2 000～3 000r/min 转速下离心 1～2min，使油水分离为明显的两相，即可进行分析测试。

注：若油水分离不清或水相浑浊，可重复上述加热—混合—离心步骤，使油水分离且水相清亮；若油水虽分离开，但水相不清，这不影响分析结果，可照常分析。

若试样中硫化物质量分数过高，需加 1 滴 30％双氧水。

4.16.5　测试步骤

(1) 依次打开主机、计算机电源。把冲洗好的滴定池置于搅拌器内，调节搅拌器的速度旋钮使搅拌子转动平稳。

(2) 将仪器电极按标记分别接到滴定池的参考、测量、阳极、阴极的接线柱上，使其接触良好。

(3) 打开"ZWC—2001 型微机盐质量分数测定仪"应用软件。

(4) 偏压测试。用新鲜的电解液冲洗电解池 2～3 遍，将滴定池与电极线连接好，即可采集滴定池偏压。点击"平衡"按钮，弹出"偏压显示"对话框，待偏压稳定后，点击"确定"，完成滴定池偏压的测定。一般新鲜电解液冲洗过的滴定池，偏压应在 260mV 以上。

(5) 修改偏压。单击"偏压"按钮，删除原有偏压值，输入所需偏压值，按"确定"按钮，完成滴定池偏压的修改。

(6) 标样分析。待基线平稳后，用标样进行分析。点击"分析"按钮，当试样进入电解池内，仪器开始积分，出峰结束后，自动显示"盐含量"，单位为 mgNaCl/L，或"氯离子含量"，单位为 μg/g。每次进样前按一下"分析"键，即可进行标样的连续分析。系统正常时，其相对标准误差在 10％以内。

(7) 试样分析。用长针头穿过油层插入离心管底部，再用一支 0.25mL 注射器与长针头相连，注入空气1～2次，将针头内进入的油排出，然后再抽取少量的抽提液，冲洗注射器及进样所用注射针头2～3次，取样量参考表4-15。在按下“分析”按钮的情况下，通过滴定池的进样口将抽提液注入电解池内，开始测定。

(8) 自动显示盐质量分数或氯离子质量分数，保存及打印数据。

(9) 测试结束后，依次关闭仪器主机、电脑、显示器电源，给电解池换上新鲜电解液。

表4-15　测定原油盐质量浓度的参考取样量

估计盐质量分数/(mg/L)	取样量/μL
≤10	500～40
10～100	40～4
100～1 000	4～2
≥1 000	≤2

4.16.6　测试结果报告和精度要求

(1) 记录试样质量、密度、进样体积。

(2) 取重复测定的两个结果的算术平均值作为原油的盐质量分数。

(3) 重复测定的两个结果的相对标准误差不超过10%。

4.16.7　思考题

(1) 盐质量分数测定的原理是什么？

(2) 电解池达不到设定的偏压可能的原因有哪些？如何改善？

(3) 从哪些环节可以提高盐质量分数的测量精度？

(4) 油水两相分离的方法有哪些？

4.17　重油馏程的测定(减压蒸馏)

液体的沸点是指液体的蒸气压与外界压力相等时的温度，当压力发生变化时液体的沸点也随之变化。由于重油的相对分子质量很大，在加热温度超过350℃后会发生分解，因此重油不能在常压下进行蒸馏，需要在减压下进行蒸馏。重油的馏程是重油加工方案制定及工艺条件确定的重要依据，并直接与油品的黏度、蒸气压、热值、平均相对分子质量和许多其他的化学、物理和机械性质相关。

4.17.1　实验目的

(1) 了解重油馏程的用途；

(2) 掌握减压蒸馏法测定重油的馏程。

4.17.2　原理和方法

在 0.13～6.7kPa(1～50mmHg)之间某个准确控制的规定压力下，用约一个理论塔板的分馏装置蒸馏重油，可以得到初馏点、终馏点和回收体积分数与常压等同温度相关的曲线。

4.17.3　仪器和试剂

(1) 减压蒸馏试验仪：如图 4－13 所示。最小蒸馏压力：266.6Pa(2mmHg)；最高液体温度：350℃。

蒸馏烧瓶：500mL，带一个有保温层的加热套；上口为 35/25 球形接头座，另有一个充氮支口。

真空夹套蒸馏柱：带有镀银玻璃真空夹套和垂直观察窗，相连的冷凝管有冷凝水夹套，在冷凝管顶部有一个接头与真空系统相连，均以 35/25 球形接头连接。

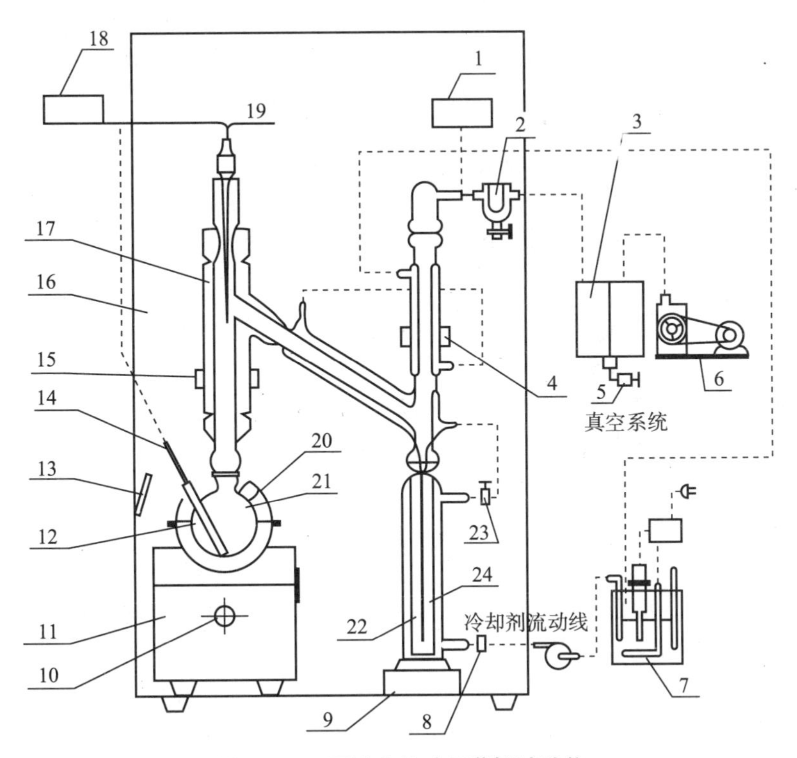

图 4－13　石油产品减压蒸馏试验仪

1—真空压力传感器＋数显表；2—冷阱；3—平衡罐；4—ϕ38mm 抱箍；5—高精度真空调节阀；6—真空泵；7—冷凝恒温槽；8—进水开关；9—弹簧座；10—旋钮；11—升降炉；12—液相温度传感器套管；13—冷却风扇；14—液相温度传感器；15—ϕ68mm 抱箍；16—不锈钢机柜；17—真空夹套玻璃蒸馏中柱；18—数显温控表；19—气相温度传感器；20—加热套；21—蒸馏烧瓶；22—滴链；23—出水开关；24—接收器

气相温度传感器:用于测量蒸气的温度,位置要求极为严格,要放在颈部中心,并且其尖端位于溢出点下 3mm±1mm。

液相温度传感器:用于测量液相温度。

接收器:200mL,内量筒直径 ϕ41mm±1mm,外部水带有夹套,上口为 35/25 球形接头座。

冷阱:用于冷凝在真空夹套蒸馏柱里尚未充分冷凝的油气,经冷阱通向机柜后背的两个平衡罐。经冷阱冷凝下来的油气可由下部活塞口放出。

(2) 环己烷、甲苯或石油醚:分析纯。

(3) 硅润滑脂:高真空硅润滑脂。

(4) 硅油:能在 350℃以上长期使用。

4.17.4 准备工作

1. 采样

(1) 如果试样有明显的水分迹象如容器壁上有水滴,容器底有液层等,应该先脱水。然后将脱水后的 200mL 试样装在蒸馏烧瓶中。

(2) 试样在装进蒸馏烧瓶前应完全呈液态。如果试样中有可见的结晶,则应把它加热到某一允许温度,使晶体溶解,并剧烈搅拌 5~15min,使其混合均匀。如果在 70℃以上还有可见固体,则这些固体颗粒多半就是自然界中的无机物而不是试样的可蒸馏部分,用过滤或倾析试样的方法将大部分固体除去。有些试样,如减黏裂化残渣和高熔点石蜡,在 70℃时还不能完全变为液体。因为这些固体和半固体物质是烃类进料的一部分,所以它们不应被除去。

2. 检查真空泵

检查真空泵的工作状态,起液封作用的真空泵油量是否合适。

3. 检查真空管路

(1) 真空管路见图 4-14。检查连接真空管路的橡胶管,如有老化的,应更换。更换后,应在每个连接处均匀地、薄薄地涂抹真空脂。

(2) 冷阱内如有冷凝物,要旋开玻璃阀,将下接器皿清理干净,然后关闭玻璃阀。玻璃阀关闭前,阀芯外表部分要均匀地、薄薄地涂抹真空脂,阀芯插入后,再旋转 360°,使真空脂均匀分布,阀密封可靠。

(3) 观察平衡罐下端的玻璃三通阀,如发现有冷凝物,要予以清理。

(4) 每个玻璃件接头连接处,都配置有 O 形密封圈。每次测试前,都应检查 O 形圈有无变形、老化。蒸馏烧瓶上口的 O 形圈,每次测试前都要更换新的,其他部位则视变形情况而定。O 形密封圈放入前,都要均匀地、薄薄地涂抹真空脂,过量的真空脂会引起泄漏,并在开始加热时形成泡沫。

4. 检查温度传感器

(1) 将液相温度传感器插入套管底部。在液相温度传感器套管内,可滴入几滴导热硅油,温度传递会更快些。

(2) 检查气相温度传感器上有无污垢,可以通过蒸馏柱前面竖直观察窗进行观察,若有污垢需要清除。将气相传感器从蒸馏柱中取出,用软纸擦干净,再在接口上涂少量真空脂,放入蒸馏中柱内。将传感器旋转 360°,使真空脂涂得更均匀,密封可靠。

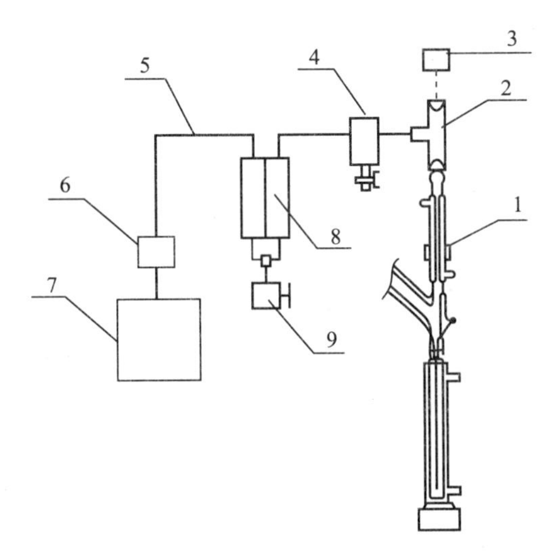

图 4-14　真空管路图

1—真空夹套玻璃蒸馏柱中柱；2—碗形三通；3—真空压力传感器；4—冷阱；
5—真空管路；6—充气阀；7—真空泵；8—平衡罐；9—高精度真空调节阀

5. 检查冷凝恒温槽

(1) 检查水位，注入的蒸馏水或纯净水应离浴口约 30mm 处。

(2) 恒温槽的进水口，应与蒸馏柱水夹套最上端的出水口连接；恒温槽的出水口应与接收量筒夹套的下嘴口处的进水开关连接，不得有任何的渗漏。

4.17.5　测试步骤

1. 取样

在接收器温度下，根据试样的密度确定相当于 200mL 试样的质量，精确到 0.1g。将试样注入清洁干燥的蒸馏烧瓶中。

2. 测试真空

(1) 连接各个玻璃元件，且玻璃元件都是已经清洁干燥的，接头都是重新涂上润滑脂的。

(2) 将升降电炉降至蒸馏烧瓶可以自由放进放出的位置，并将一空的蒸馏烧瓶放入升降电炉，蒸馏烧瓶和蒸馏柱球形接头连接，用弹簧夹夹紧。

(3) 在蒸馏柱上挂好滴链。将真空传感器、球形三通、蒸馏柱、接收器等用弹簧夹夹紧，连接好，不得有泄漏。

(4) 将接收器夹套上连接的进出水开关打开。

(5) 若有轻油时，冷阱内可以采用乙醇-干冰混合液作为冷凝剂。

(6) 关闭真空调节阀(右螺旋)。注意：不得施有向外拉出的力。

(7) 关闭冷阱上的放气阀，开启真空泵，将仪器抽真空，达到蒸馏所要求的压力以下的一半为止。然后，再慢慢开启真空调节阀(左螺旋)，调节到需要的真空度。关闭真空泵。

(8) 如果系统达到真空要求，则缓缓释放冷阱上的玻璃阀，直到一个大气压。释放速度过快，会冲击压力传感器的膜片，影响测量精度。

(9) 如果系统达不到真空要求,有漏气现象时,关闭真空泵,恢复到常压。重新将所有的接头涂真空脂再试。

3. 安装蒸馏烧瓶

(1) 将空的蒸馏烧瓶取出,换上已经装好 200mL 油样的蒸馏烧瓶。

(2) 将蒸馏烧瓶和蒸馏柱球形接头连接,涂上润滑脂,用弹簧夹夹紧,确保系统没有泄漏。

(3) 套上蒸馏烧瓶上的保温帽,可以先不用扎紧,留一点空隙,以便观察。

4. 开启恒温水浴和循环冷凝水

(1) 设定恒温水浴的温度,至少比测试中观察到的最低蒸气温度低 30℃,目的是使油蒸气冷凝成液体。若油蒸气中含有蜡,冷凝温度不能使其变为固态,而要保持为很流畅的液态。若油蒸气中不含有蜡,一般油品的蒸馏,冷凝温度为 40℃;如含有蜡,比较适宜的冷凝温度是 60℃。

(2) 打开恒温水浴控温开关,加热控制水浴温度。

(3) 打开循环水泵,冷凝水由循环泵打出,从接受量筒水夹套的下端往上,直至蒸馏柱右侧最上端返回水浴。

5. 启动真空泵

(1) 根据测试要求,选择合适的真空。如果不知道所测试样的合适的真空,应该先从最低的真空开始试,如:1 333Pa(10mmHg)。设定好所需的真空,启动真空泵。旋动真空调节阀,往左旋为开大,往右旋为关小。注意:不能有向外拉的力。反复调整,直至达到设定的真空。

(2) 观察蒸馏烧瓶中试样是否起泡。如果试样起泡,可使压力稍微增加,直到泡沫退去为止。

6. 加热蒸馏

(1) 将气相/液相温度切换开关放置在液相温度上,显示值为液相温度。当有油蒸气出现在烧瓶颈部时,立即将气相/液相温度切换开关切换至气相温度上。

(2) 转动加热调节旋钮,观察电流表上的指示。一开始可尽快加热蒸馏烧瓶,但需注意:不要使试样产生过多的泡沫。一旦蒸馏烧瓶颈部出现蒸气或回流液体时,则调整加热速度,使馏出液以 6～8mL/min 均匀的速度流出。

7. 观察蒸馏过程记录蒸馏数据

(1) 观察蒸馏过程,当接收器收集初馏点和 5%、10%、20%、30%、40%、50%、60%、70%、80%、90%、95%各回收体积百分数及终点的馏出物时,记录相应的蒸气温度、压力和时间。

(2) 如果在蒸馏终点之前观察到液体温度达 350℃或蒸气达到最高温度,记录蒸气温度和总回收体积,同时停止加热。

当观察到压力突然增加,并有白色蒸气出现和蒸气温度降低时,说明被蒸馏的物质已经分解了。立即停止蒸馏,并记录这个情况。如果需要,可在较高的真空下,用新的试样重新蒸馏。

8. 停止蒸馏关闭真空泵

(1) 将升降炉降下,卸下蒸馏烧瓶上的保温套,打开冷却风扇,保持真空状态,把气相/液相温度开关切换至液相温度上。

(2) 待蒸馏烧瓶内的温度降至 100℃以下,才可关闭真空泵。缓缓打开玻璃冷阱上的放气阀,使系统恢复一个大气压状态。

注意:当蒸馏烧瓶中含有热的油蒸气时,将其通入空气则会引起着火或爆炸。

9. 结束蒸馏

(1) 关闭恒温水浴控温开关和凝水循环泵开关。

(2) 回收、测量并记录冷阱中收集的轻质产品的体积。

(3) 关闭接收器上的进、出水开关。移去接收器，放置另一个接收器。

10. 清洗减压蒸馏仪

(1) 移去蒸馏烧瓶，放置一个已经装入适量清洗溶剂的蒸馏烧瓶，在常压下蒸馏，以清洗装置。清洗溶剂可以是溶剂油、甲苯或石油醚。

(2) 清洗结束后，拆下蒸馏烧瓶和接收器，另做清洁处理。

(3) 清洗压力传感器：将溶剂油注入进气口，盖上专用盖子，放置一会，倒掉清洗剂，使其蒸发干即可。

4.17.6　测试结果报告和精度要求

(1) 记录馏出体积(%)、气相馏出温度(℃)、气相馏出压力(kPa)、液相温度(℃)。

(2) 参照表 4－16、表 4－17 将减压蒸馏数据转换成常压蒸馏数据，并作报告。

(3) 重复测得的两个结果之差不应大于表 4－17 所列数值。不同实验室对同一试样测试结果之差不应大于表 4－18 所列数值。

表 4－16　1.33kPa(10mmHg)压力下的温度与常压温度换算

温度/℃	0	1	2	3	4	5	6	7	8	9
50	165.8	167.1	168.3	169.6	170.8	172.1	173.3	174.6	175.9	177.1
60	178.4	179.6	180.9	182.1	183.4	184.6	185.9	187.1	188.4	189.6
70	190.9	192.1	193.4	194.6	195.9	197.1	198.4	199.6	200.9	202.1
80	203.4	204.6	205.9	207.1	208.3	209.6	210.8	212.1	213.3	214.5
90	215.8	217.0	218.3	219.5	220.7	222.0	223.2	224.4	225.7	226.9
100	228.1	229.4	230.6	231.8	233.1	234.3	235.5	236.8	238.0	239.2
110	240.4	241.7	242.9	244.1	245.4	246.6	247.8	249.0	350.3	251.5
120	252.7	253.9	255.1	256.4	257.6	258.8	260.0	261.2	262.5	263.7
130	265.9	266.1	267.3	268.5	269.8	271.0	272.2	273.4	274.6	275.8
140	277.0	278.3	279.5	280.7	281.9	283.1	284.3	285.5	286.7	287.9
150	289.2	290.3	291.5	292.8	294.0	295.2	296.4	297.6	298.8	300.0
160	301.2	302.4	303.6	304.8	306.0	307.2	308.4	309.6	310.8	312.0
170	313.2	314.4	315.6	316.8	317.9	319.1	320.3	321.5	322.7	323.9
180	325.1	326.3	327.5	328.7	329.9	331.1	332.2	333.4	334.6	335.8
190	337.0	338.2	339.4	340.5	341.7	342.9	344.1	345.3	346.5	347.6
200	348.8	350.0	351.2	352.4	353.5	354.7	355.9	347.1	358.3	359.4
210	360.6	361.8	363.0	364.1	365.3	366.5	367.7	368.8	370.0	371.2
220	372.3	373.5	374.7	375.9	377.0	378.2	379.4	380.5	381.7	382.9
230	384.0	385.2	386.4	387.5	388.7	389.8	391.0	392.2	393.3	394.5
240	395.7	396.8	398.0	399.1	400.3	401.5	402.6	403.8	404.9	406.1
250	407.2	408.4	409.6	410.7	411.9	413.0	414.2	415.3	416.5	417.6

表 4-17　0.266kPa(2mmHg)压力下的温度与常压温度换算

温度/℃	0	1	2	3	4	5	6	7	8	9
50	201.1	202.4	203.8	205.1	206.4	207.7	209.1	210.4	211.7	218.0
60	214.4	215.7	217.0	218.3	219.6	221.0	222.3	223.6	224.9	226.2
70	227.6	228.9	230.2	231.5	232.8	234.1	235.4	236.7	238.0	239.4
80	240.7	242.0	243.3	244.6	245.9	247.2	248.5	249.8	251.1	252.4
90	253.7	255.0	256.3	257.6	258.9	260.2	261.5	262.8	264.1	265.4
100	266.7	268.0	269.2	270.5	271.8	273.1	274.4	257.7	277.0	278.3
110	279.5	280.8	282.1	283.4	284.7	286.0	287.2	283.5	289.8	291.1
120	292.4	293.6	294.9	296.2	297.5	298.7	300.0	301.3	302.6	303.8
130	305.1	306.4	307.6	308.9	310.2	311.5	312.7	314.0	315.2	316.5
140	317.8	319.0	320.3	321.6	322.8	324.1	325.3	326.6	327.9	329.1
150	330.4	331.6	332.9	334.1	335.4	336.6	337.9	339.2	340.4	341.7
160	342.9	344.2	345.4	346.6	347.9	349.1	350.4	351.6	352.9	354.1
170	355.4	356.6	357.8	359.1	360.3	361.6	362.8	364.0	365.3	366.5
180	357.8	369.0	370.2	371.5	372.7	373.9	375.2	376.4	377.6	378.8
190	380.1	381.3	382.5	383.8	385.0	386.2	387.4	388.7	389.9	391.1
200	392.3	393.5	394.8	396.0	397.2	398.4	399.6	400.9	402.1	403.3
210	404.5	405.7	406.9	408.1	409.4	410.6	411.8	413.0	414.2	415.4
220	416.6	417.8	419.0	420.2	421.4	422.7	423.9	425.1	426.3	427.5
230	428.7	429.9	4311.1	432.3	433.5	434.7	435.9	437.1	438.3	439.5
240	440.7	441.8	443.0	444.2	445.4	446.6	447.8	449.0	450.2	451.4
250	452.6	453.8	454.9	456.1	457.3	458.5	459.7	460.9	462.1	463.2

表 4-18　重复性和再现性要求

	重复性				再现性			
标准压力	0.13kPa(1mmHg)		1.3kPa(10mmHg)		0.13kPa(1mmHg)		1.3kPa(10mmHg)	
初馏点	17		15		56		49	
终馏点	3.3		7.1		31		27	
回收体积/%	5～50	60～90	5～50	60～90	5～50	60～90	5～50	60～90
℃(AET)/%(体积分数)								
0.5	2.4	2.5	1.9	2.0	6.5	3.9	7.0	5.4

续表

标准压力	重复性				再现性			
	0.13kPa(1mmHg)		1.3kPa(10mmHg)		0.13kPa(1mmHg)		1.3kPa(10mmHg)	
1.0	2.9	3.0	2.4	2.5	10	6.0	9.3	7.2
2.0	3.4	3.5	3.1	3.2	16	9.4	12	9.6
3.0	3.8	3.9	3.6	3.7	21	12	15	11
4.0	4.0	4.2	3.9	4.1	25	15	16	13
5.0	4.2	4.4	4.3	4.4	29	17	18	14
6.0	4.4	4.6	4.5	4.7	32	19	19	15
7.0	4.6	4.8	4.8	5.0	35	21	21	16
8.0	4.8	4.9	5.0	5.2	38	23	22	17
9.0	4.9	5.1	5.2	5.4	41	25	23	18
10.0	5.0	5.2	5.4	5.6	44	26	24	19
11.0	5.1	5.3	5.6	5.8	47	28	25	19
12.0	5.2	5.4	5.8	6.0	50	30	26	20
13.0	5.3	5.5	6.0	6.2	52	31	27	21
14.0	5.4	5.6	6.1	6.3	55	33	27	21
15.0	5.5	5.7	6.3	6.5	57	34	28	22

注：本表的主体部分数据是常压等同温度，℃。

4.17.7　注意事项

(1) 试样含水会严重干扰蒸馏装置的正常进行，必须预先进行脱水。

(2) 减压蒸馏所涉及的试样通常都较为黏稠，在蒸馏过程中，特别是蒸馏初期，极易产生泡沫和暴沸现象，需要加以控制。

(3) 消除蒸馏过程中的暴沸现象，可在蒸馏烧瓶中加入干燥小瓷片作为沸石。保持压力的平稳和加热速度的平稳也是防止暴沸的有效手段。

(4) 蒸馏烧瓶内的温度需降至 100℃以下，才可关闭真空泵。缓缓打开冷阱上的放气阀，使系统恢复一个大气压状态。如果蒸馏烧瓶中含有的热油蒸气温度过高，将其通入空气则会引起着火或爆炸。

4.17.8　思考题

(1) 重油减压蒸馏方法适用什么范围？

(2) 测试过程中如何保持真空压力稳定？

(3) 在蒸馏初期，极易产生泡沫，试分析泡沫产生的原因和消除泡沫的方法。

(4) 在减压蒸馏过程中冷阱起什么作用?

(5) 测试过程中的主要误差来源有哪些?

4.18 重油四组分的测定(TLC-FID 法)

重油的组成极其复杂,对其组成的研究只能根据重油在某些溶剂中选择性的溶解能力,分成几个不同的组分。若分离条件发生改变,则所得各组分的性质和数量都不同。通常情况下将重油的组成分离成饱和分、芳香分、胶质和沥青质(SARA,Saturates,Asphaltenes,Resins 和 Aromatics)四组分,分析方法主要有柱色谱法、薄层色谱法和高效液相色谱法等。

重油的 SARA 组分分布直接影响催化裂化、溶剂脱沥青、延迟焦化、减黏裂化、渣油加氢等重要石油炼制工艺的产品产率与产品质量,是重油加工方案选择的主要依据。

4.18.1 实验目的

(1) 了解各种重油四组分组成特点;

(2) 掌握用 TLC-FID 法分析重油四组分组成。

4.18.2 原理和方法

薄层色谱(Thin Layer Chromatography,TLC)是固-液吸附色谱的一种。TLC 是将吸附剂均匀地涂于光洁表面上如玻璃板或玻璃棒表面,使之形成薄层(固定相)。然后将待测试样滴于薄层的起始线上,置入盛有溶剂(流动相,一般称为展开剂)的密闭容器内。由于吸附剂对不同组分有不同的吸附能力,流动相对不同组分有不同的解吸能力,因此在流动相向前流动的过程中,不同组分移动距离不同,各组分得以分离。在这个过程中,易被吸附的组分(吸附力强的组分)移动得慢一些,而较难被吸附的组分(吸附力较弱的组分)则移动得快一些。

TLC-FID 法是将薄层色谱和氢火焰离子检测技术结合起来的一种分析方法,使重油的 SARA 组成分析技术实现了微量化和快速化。重油经溶剂溶解稀释后,用微量注射器在薄层棒上点样,然后将薄层棒分别在各级展开剂中展开,重油中各组分由于在不同的展开剂中推动力不同而得到分离。色谱棒经干燥驱走展开剂后,重油中的饱和分、芳香分、胶质、沥青质留在色谱棒的不同区域。随着 FID 沿着色谱棒扫描,SARA 分别在不同的时间依次被离子化并从棒表面被除去。经仪器检测后,用面积归一化法得出各组分的质量分数。

4.18.3 仪器和试剂

(1) 薄层色谱扫描仪:如图 4-15 所示。由分离单元(薄层色谱棒)、检测单元(氢火焰离子检测器)、计算单元(微处理机)组成。

薄层色谱棒:直径为 0.9mm 的石英棒。色谱棒架上可放置 10 根色谱棒,一次最多可分析 10 个试样。

(2) 积分仪:带有色谱工作站,处理和计算色谱图和色谱峰面积。

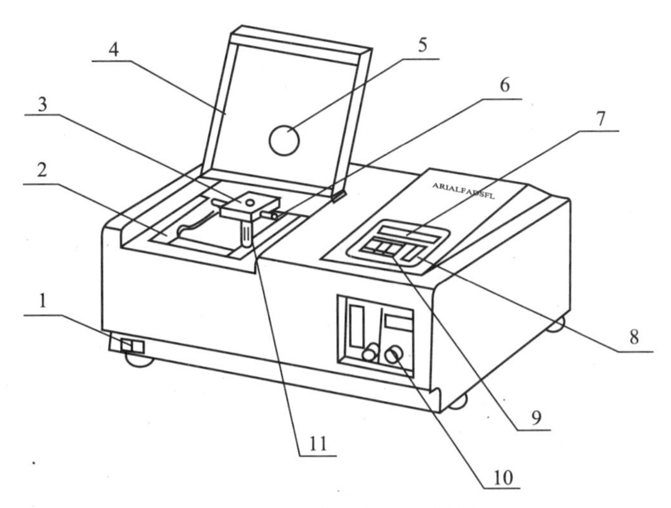

图 4-15　薄层色谱扫描仪

1—电源开关；2—扫描框架；3—集电极；4—顶盖；5—加热通风孔；6—抬升棒；7—显示屏；8—操作键；9—键盘；10—氢气和空气流量控制板；11—氢气燃烧器

(3) 色谱棒干燥器。

(4) 分析天平：称准至 0.000 1g。

(5) 容量瓶：10mL。

(6) 高纯氢气：99.9%。

(7) 第一级扩展剂：正庚烷，分析纯。

(8) 第二级扩展剂：甲苯，分析纯。

(9) 第三级扩展剂：二氯甲烷-甲醇，体积比为 95∶5。

(10) 亚硝酸钠：分析纯。

4.18.4　准备工作

(1) 确认薄层色谱扫描仪和积分仪的电源开关均处于“关”的位置上。把每一条电源线插入适合的 AC 电压插座上，地线必须可靠地接地。

确保氢气减压阀、氢气入口阀和氢气控制钮均处于“关”的位置。

(2) 打开氢气瓶主阀和减压阀，调节氢气压力至 0.3MPa。打开位于薄层色谱扫描仪后侧的氢气入口阀(向上扳动把手)，转动氢气控制钮，调节氢气流率。正常的氢气流率是 160mL/min，但以后可以确定最佳的氢气流率。最佳的氢气流率与扫描速度和试样类型有关。

(3) 打开薄层色谱扫描仪的顶盖，抬升集电极。使用压电式点火器点燃氢气燃烧器(FID)。仅可使用压电式点火器点燃燃烧器，不要使用火柴或打火机，它们将有可能导致较低的灵敏度或损坏放大器。

把集电极降低至初始位置，确认在扫描机构中没有夹杂任何物体。集电极带有高电压负荷，仅可抓住绝缘抬升棒抬起集电极，不要触摸电极或周边的金属外罩，绝缘的抬升棒附连在平板的两侧。

注意：点火时，务必不要使点火器的尖端接触燃烧器或集电极。

(4) 打开薄层色谱扫描仪的电源开关，在显示器上将显示“IATROSCANTLC－FID”的字样，这意味着此时仪器在执行自检步骤。当完成自检后，扫描架的开始位置被自动设定。在显示器上将显示出扫描速度和将被扫描的色谱棒编号，显示器上也将显示典型的初始状况：“30 1—10”。其中，30 为扫描速度；1—10 为色谱棒数。

注意：当电源打开时，如果集电极安装板是处于抬起的位置时，则在显示器上将显示“检查集电极”的字样，为了执行自检过程并使启动条件初始化，则必须放低集电极。

(5) 旋转位于前部面板上的空气控制钮，调节空气流率。正常的空气流率为 2000mL/min，与氢气流率调节相类似，它需要参考检测条件进行调节。

(6) 把积分仪的电源开关打开。注意必须以正确的顺序开启电源，先开薄层色谱扫描仪，再开积分仪，否则不会建立正确的界面信号。如果发生问题，则关闭两台仪器，再以正确的顺序操作一遍。

(7) 在积分仪上设定记录条件。

4.18.5 测试步骤

1. 色谱棒的安装

(1) 使用特殊的镊子，小心地把色谱棒一根接一根地从包装中取出，放入色谱棒架的相应位置上，最多可放 10 根色谱棒。色谱棒放入色谱棒架中时没有方向性，可把任何一端提前放入。

(2) 把色谱棒放好后，放置保留夹以固定色谱棒。这样，色谱棒和色谱棒架已准备好使用。

2. 空白扫描

在使用色谱棒前，需要进行空白扫描。通过此扫描过程，可除去任何可能存在的有机物质，同时将色谱棒“活化”。

(1) 将已放置好色谱棒的色谱棒架放入扫描架中，为此需抬升附连在平板两侧的绝缘棒抬起集电极。双手握住色谱棒架约 30～40 刻度标记处。把色谱棒架的底部放入扫描架的较低的槽中，把色谱棒架的上部放入扫描架的上部。在扫描架上有两个半圆形凹痕，以利于手指介入。把集电极降低至初始位置。

(2) 按下“BLANKSCAN”，使薄层色谱扫描仪的扫描模式设置为空白扫描模式。输入所希望执行的空白扫描的次数。

(3) 按下“开始”键，以开始空白扫描。如果薄层色谱扫描仪和积分仪相连，则在按“开始”键前先按联机键。随着空白扫描过程的进行，检测色谱图，但不进行任何数据操作。用此功能可检测任何残留在色谱棒上的杂质。

3. 点样

(1) 将色谱棒架放置在点样板上，把点样线（已在点样板上标出）与色谱棒架上的零点刻度对齐。

(2) 将试样稀释成浓度为 1%～2%或 10～20mg/mL 的溶液，使用最大容量为 2μL 的带有钝尖的注射器进行多次点样，点样斑应尽可能小，且应尽可能集中，最大斑痕为 3mm。在原点处的点样斑越大，分离性能越差。将同一个试样点在几根色谱棒上，可检查测试结果的重复性。

(3) 建议在至少一根色谱棒上运行一个标准样。经常要保留一个空白色谱棒，以验证在扫描期间没有任何污染。

4. 色谱棒的展开

(1) 在色谱棒展开之前,至少要把 TLC 展开槽的一面用滤纸挡上。

(2) 倒入展开剂,润湿滤纸,用玻璃盖盖住敞口,使溶剂蒸气在展开槽中充分饱和。在表 4-19 中给出了展开剂的用量。

(3) 点样完毕后,将色谱棒架直立于展开槽中,立即用盖子盖住敞口处。

(4) 展开过程开始进行,建议在展开槽的后面放置一个色谱棒观察器 TR-1,以易于观察在色谱棒上攀升的溶剂前沿。

表 4-19 TLC 展开槽展开剂用量

TLC 展开槽的类型	溶剂用量
DT-150	70mL
DT-250(悬挂式)	内置溶剂储槽:50mL 外侧溶剂储槽:溶剂用量约为 70mL 不使用溶剂储槽时:140mL

(5) 当溶剂前沿到达所需高度时,将色谱棒架从展开槽中取出,过量的溶剂可返回展开槽中。切勿使溶剂前沿超过色谱棒架上的 100 刻度标记,否则试样将超出薄层色谱扫描仪的扫描区域。

(6) 为了充分分离试样中各组分,将色谱棒在不同的展开剂中展开。第一次展开溶剂为正庚烷,第二次展开溶剂为甲苯,第三次展开溶剂使用二氯甲烷和甲醇(体积比为 95∶5)。

5. 脱除溶剂

每次展开结束后,必须除去在色谱棒上残留的溶剂。使用色谱棒干燥器,在 120℃下,2～3min 之内即可蒸发完所有的溶剂。除去色谱棒上的溶剂时必须小心,否则将会影响分析结果,因为薄层色谱扫描仪的 FID 系统不能确定试样与展开剂之间的差别。

6. 扫描

(1) 当展开剂完全被清除后,将色谱棒架放入扫描架中。具体操作如下:抬起附连于集电极安装板两侧的绝缘棒以抬升集电极,双手把持色谱棒架约 30～40 刻度标记处,把色谱棒架的底部嵌入扫描架的较低的凹槽中,然后将色谱棒架的顶部嵌入扫描架的较高处的凹槽中,最后将集电极降低到初始位置。

(2) 按控制面板上“自动调零”键,直到水平仪的绿灯亮起为止。按此键大约需要 2～3 次。按“联机”键,此键上的绿灯亮。

(3) 按“NORMALSCAN”键,使薄层色谱扫描仪进入正常扫描模式。如果需要,还可改变扫描速度、色谱棒号数及其他模式。

(4) 按“开始”键,开始扫描,色谱棒将自动穿过氢火焰,使试样离子化。离子化过程可使流过 FID 的电流发生变化,TC—21 积分仪将记录电流并标绘色谱图。当完成扫描后,扫描架会自动回到初始位置。

7. 关闭薄层色谱扫描仪

(1) 扫描和信号处理结束后,取出色谱棒,把色谱棒保存在一洁净的环境中,避免灰尘或其他有机污染物接触它们。

(2) 关闭氢气钢瓶上的主气阀,随着氢气流量减小,氢火焰逐渐变小,直至最终熄灭。关闭氢气钢瓶上的减压阀和薄层色谱扫描仪后部面板上的氢气入口阀、前部面板上的氢气控制钮。

(3) 关闭积分仪的电源,关闭薄层色谱扫描仪的电源。

4.18.6 测试结果计算

试样中各组分含量的计算方法:由薄层色谱法测得的各组分的峰面积,再用校正因子校正各组分含量(质量分数):

$$\text{饱和分(质量分数)}(\%) = A_s / A \tag{4-29}$$

$$\text{芳香分(质量分数)}(\%) = A_a / (1.2A) \tag{4-30}$$

$$\text{胶质(质量分数)}(\%) = A_c / (1.2A) \tag{4-31}$$

$$\text{沥青质(质量分数)}(\%) = A_{as} / (1.6A) \tag{4-32}$$

$$A = A_s + A_a/1.2 + A_c/1.2 + A_{as}/1.6 \tag{4-33}$$

式中 A——总峰面积;

A_s——饱和分的峰面积;

A_a——芳香分的峰面积;

A_c——胶质的峰面积;

A_{as}——沥青质的峰面积。

4.18.7 测试结果报告和精度要求

(1) 取重复测定的两个测试结果的算术平均值作为重油四组分的测试结果,保留至一位小数。

(2) 重复测定的两个结果之差不超过 2%。

4.18.8 注意事项

(1) FID 仅可使用压电式点火器点燃燃烧器。不要使用火柴或打火机,它们将有可能导致较低的灵敏度或损坏放大器。

(2) 把集电极降低至初始位置,确认在扫描机构中没有夹杂任何物体。

(3) 集电极带有高电压负荷,在抬起集电极时,仅可抓住绝缘抬升棒抬起集电极,不要触摸电极或周边的金属外罩,绝缘的抬升棒附连在平板的两侧。点火时,务必不要使点火器的尖端接触燃烧器或集电极。

(4) 必须以正确的顺序开启电源,先开薄层色谱扫描仪,再开积分仪(或其他数据处理设备),否则不会建立正确的界面信号。如果发生问题,则关闭两台仪器,再以正确的顺序操作一遍。

(5) 色谱棒是用石英玻璃制成,必须小心,以避免石英玻璃破碎。仅可用镊子夹取色谱棒,不可用手指触摸棒。仅可用镊子夹住色谱棒的末端(清洁区域),不要用镊子或任何其他东西接触色谱棒的硅胶区域(白色区)。

(6) 把色谱棒架放入扫描架中后,确保各色谱棒均已嵌入各凹槽中,从两侧轻轻移动色谱棒架数毫米,色谱棒均已嵌入扫描架的各凹槽中,不应当移动。如果色谱棒没有被安置好,则它们有可能被扫描机构打断。

(7) 切勿使手或其他物体与色谱棒架的较低部分接触,因为这些部分将被浸入展开溶液中,色谱棒架的任何污染都有可能污染展开剂。

(8) 当扫描架不在初始位置上时,不要抬起集电极。除非进行点火和(或)从扫描架上安置或取出色谱棒架时,才可抬高集电极,否则集电极应处于下部位置。

(9) 操作时,色谱棒干燥器会非常热,在没有护手的情况下,不要接触。在将色谱棒架放入干燥炉之前,将溶剂完全从色谱棒架上倒净。如果在色谱棒架上残留有溶剂,则有爆炸的危险。

(10) 必须要等到氢火焰燃烧器完全熄火后,才可关闭薄层色谱扫描仪的电源。在氢火焰燃烧器熄火前必须保持流经燃烧器的空气流与氢气流同时存在。如果缺少空气流,则燃烧器和集电极会受到污染。如果已被污染,则要进行多次清洗或更换。

4.18.9　思考题

(1) 石油炼制过程中主要有哪些重油加工工艺?根据四组分的含量如何选择重油加工工艺?

(2) 试述 TLC 分析重油四组分的基本原理。

(3) 为什么 TLC/FID 分析前需要进行空白扫描?

(4) TLC/FID 法测定重油四组分的主要误差来源有哪些?

(5) 在 TLC/FID 法测定重油四组分时如何选择展开剂?

(6) TLC/FID 法与液固色谱法相比有何优缺点?

第 5 章

炼油化工综合实验

5.1　原油流动性能测试

管道输送是将原油加热、加压通过输油管道由某地输送到另一地点的过程。加压的目的是为原油提供动能，以克服原油在输送过程的管道沿线的压力损失。加热和加入流动性能改性剂是对“含蜡高、黏度高和凝点高”的“三高”原油采用的常用措施。实验室测试原油的流动性能可为原油的管道输送和其他输送方法提供重要的基础数据。

5.1.1　实验目的

(1) 通过原油流动性能测试实验过程掌握原油输送管路压力降测量方法；

(2) 掌握直管摩擦阻力和直管摩擦因数 λ 的测定方法；

(3) 了解直管摩擦因数 λ 与雷诺数 Re 之间关系及其变化规律；

(4) 了解原油流动性能改性剂的作用。

5.1.2　原理和方法

原油在管道内流动时，由于原油的黏性作用和涡流的影响会产生阻力。原油流动阻力的测定或计算，对于确定原油输送所需的推动力的大小，选择适当的输送条件都有不可或缺的作用。

原油在直管内流动阻力的损失表现为压力的降低，其大小与原油的性质（密度 ρ、黏度 μ）、管路几何尺寸（管径 d、管长 l、管壁粗糙度 ε）、流动条件（流速 u）有关，它们之间存在如下关系：

$$h_f=\frac{\Delta p_f}{\rho}=\lambda\frac{l}{d}\times\frac{u^2}{2} \tag{5-1}$$

$$\lambda=\frac{2d}{\rho\cdot l}\times\frac{\Delta p_f}{u^2}=f(Re,\frac{\varepsilon}{d}) \tag{5-2}$$

$$Re=\frac{d\cdot u\cdot\rho}{\mu} \tag{5-3}$$

式中 h_f——流动阻力，J/kg；

Δp_f——直管阻力引起的压力降，Pa；

λ——直管阻力摩擦因数；

d——管径，m；

l——管长，m；

u——流速，m/s；

ρ——原油的密度，kg/m^3；

μ——流体的黏度，Pa·s。

在实验装置中，直管段管长 l 和管径 d 都已固定，若温度一定，则原油的密度 ρ 和黏度 μ 也是定值，从式(5-1)～式(5-3)可见，由原油流动阻力引起的压力降 Δp_f 仅与原油的流速 u（流量 V）有关。所以本实验实质上是测定直管段原油阻力引起的压力降 $\triangle p_f$ 与流速 u（流量 V）之间的关系。直管摩擦因数 λ 是雷诺数 Re 的函数，按式(5-2)可计算出不同流速下的直管摩擦因数 λ，用式(5-3)计算对应的 Re，从而整理出直管摩擦因数和雷诺数的关系，绘出 λ 与 Re 的关系曲线。

在原油中加入流动性能改性剂后，由于原油的黏度发生了变化，引起流动阻力的改变，也改变了摩擦因数 λ 和雷诺数 Re 的关系。

5.1.3 实验装置

1. 装置流程

原油流动性能测试装置的流程见图5-1，装置采用计算机控制。原油在油罐中混合、加热，经过滤器过滤，通过螺杆泵注入管道，在螺杆泵出口后原油流过稳定区，随后进入测量区，在测量区直管段的进、出口分别安装了两个压差变送器，压差信号通过信号线进入计算机数据采集系统，即可得到相应的压力变化值。

2. 实验设备

(1) 数据采集和控制界面。采用研华 PCI-1716L 数据采集卡采集装置上的温度、压力和流量信号，PCI-1710L 是一款 PCI 总线的多功能数据采集卡。具有5种最常用的测量和控制功能：12位 A/D 转换，D/A 转换，数字量输入，数字量输出及计数器定时功能。装置上的温度、压力和流量信号通过信号接线板引入数据采集卡，通过昆仑通态 MCGS 软件组态后，在控制界面上可以显示出流体的温度、压力和流量值。实验过程中压力和流量信号为显示值,不能通过计算机控制。流量控制可以通过调节螺杆泵的变频器进行调节。温度控制可以根据现场检测到的实际值和设定值进行比较,然后输出一个信号调节管路和油罐的温度。

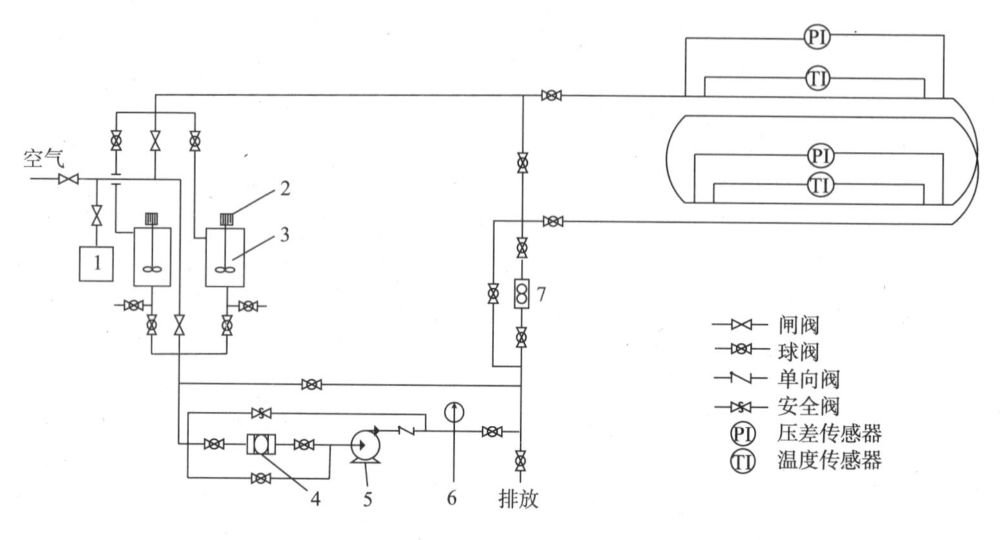

图 5-1　原油流动性能测试装置流程图

1—蒸汽发生器;2—搅拌器;3—储液罐;4—过滤器;5—螺杆泵;6—压力表

(2) 螺杆泵(图 5-2)。螺杆泵属于回转渐进式容积泵,是一种高精度的机械产品,它结构合理简单,允许高转速,压力脉动小,噪声低,工作平衡可靠,自吸性好,容积效率高,特别适合用于输送油类和高黏度的液体。

图 5-2　螺杆泵

图 5-3　差压变送器

(3) 差压变送器(图 5-3)。该仪器以差动电容检测原理通过电子直接感受压力引起的膜片位移,将位移转换成 4～20mA 模拟信号进入计算机数据采集卡。

5.1.4　实验步骤

1) 空白实验

(1) 油箱充油至 80%,并加热至实验温度。

(2) 调节仪表和流量。

(3) 检查管路是否畅通，各阀门是否开启。

(4) 确保管路畅通后，启动螺杆泵，稳定 20min，流量仪读出流量值，压差计上读出压力降。

(5) 在采样口放出一定量的原油，并迅速用旋转黏度计测量其黏度值。

(6) 调节螺杆泵的变频器，改变管道中原油流量，稳定 10min，流量仪读出流量值，压差计上读出压力降，同时迅速用旋转黏度计测量其黏度值。

2) 加剂实验

(1) 开启螺杆泵，同时将管内和油罐中的原油加热到实验温度，称取一定量的原油流动性能改性剂，加入油罐中。

(2) 稳定 1h 后，流过测压段的水浴降温至设定温度。

(3) 稳定 15min 左右，待各温度点和压力差基本无变化时，开始流量和压差的读数。

(4) 在采样口放出一定量的原油，并迅速用旋转黏度计测量其黏度值。

(5) 调节螺杆泵的变频器，改变管道中原油流量，流量仪读出流量值，压差计上读出压力降。

(6) 实验完毕后，先用柴油清洗管路，然后用蒸汽吹扫至流出冷凝液中无明显油滴，用鼓风机吹出管路中的残留水分。

(7) 工具复位，装置恢复原状，并清理实验场地。

5.1.5 实验结果和报告要求

(1) 将实验数据记录在表 5－1 中，并以其中一组数据为例写出计算过程。

(2) 标绘未加流动性能改性剂(空白实验)和加入流动性能改性剂(加剂实验)时原油的直管摩擦因数 λ 与雷诺数 Re 之间的关系曲线。

(3) 根据雷诺数 Re 判断直管内原油的流型。

(4) 比较加流动性能改性剂前后 $\lambda-Re$ 关系曲线，说明变化的原因。

表 5－1 实验数据记录

编号	介质	流动性能改性剂	流量/(m^3/h)	压差/Pa	温度/℃	黏度/(Pa · s)

5.1.6 思考题

(1) 以原油为工作介质作出的 $\lambda-Re$ 曲线，对其他流体是否适用？为什么？

(2) 本实验是测定等直径水平直管的流动阻力，若将水平管改为流体自下而上流动的垂直管，从测量两取压点间压差的计算过程和公式是否与水平管完全相同？为什么？

(3) 为什么采用差压变送器？

(4) 直管摩擦因数 λ 与雷诺数 Re 之间关系的变化规律如何？

(5) 根据原油组成尝试分析流动性能改性剂的作用机理。

5.2 原油实沸点蒸馏

实沸点蒸馏是原油质量评价工作的基础。原油经过实沸点蒸馏被分割成若干个窄馏分，然后对各个窄馏分进行性质分析，最后将数据标绘成实沸点蒸馏曲线和性质曲线。这些曲线概括了原油的主要性质，是制定加工方案的主要依据。实沸点蒸馏装置，还可以用来切取直馏产品，然后对这些宽馏分进行分析研究，评定直馏产品的质量与产率。

5.2.1 实验目的

(1) 了解原油实沸点蒸馏的方法；

(2) 熟悉原油实沸点蒸馏仪器。

5.2.2 原理和方法

ASTM 标准中原油实沸点蒸馏由两台仪器组成。一台用于低于 400℃蒸馏，其标准号为 ASTM D2892，另一台用于高于 400℃重油蒸馏，其标准号为 ASTM D5236，最高蒸馏温度达到 565℃。由中国石油化工总公司原油科技情报站出版的《原油评价方法》1988 年修订版中的实沸点蒸馏仍保留了国内普遍采用的一种方法，相应的仪器是抚顺石油化工研究院生产的系列蒸馏仪。

ASTM D2892 原油蒸馏方法适用于稳定后含水量低于 0.1%(质量分数)的原油，但不适用于液化石油气、很轻的石脑油及初馏点高于 400℃的渣油。该方法有 10 个必须执行的附录，它们对仪器的性能进行了全面约束。在全回流时蒸馏塔的理论板数不高于 18、不低于 14，蒸馏达到的最高温度为 400℃(常压下相当温度)。除在最低压力段蒸馏时，其回流比为 2∶1 外，其余各段压力下蒸馏的回流比均保持在 5∶1。在各段蒸馏中，蒸馏釜中的液相温度不允许高于 310℃。

5.2.3 设备和仪器

蒸馏仪器见图 5-4、图 5-5 和图 5-6。图中的原油加热采用蒸馏烧瓶及加热套。蒸馏柱及回流分配器外层用真空高反射夹套封闭，周围包有带加热的保温套，用以补偿蒸馏柱的热损失。塔头冷凝器，要求具有－20℃的制冷源。为切换馏分，应有 1 个馏分收集及液体冷却器。真空泵、真空压力计等为了使系统处于真空状态。此外，系统还有温度、压力测量记录仪表，馏出速度测定仪等。

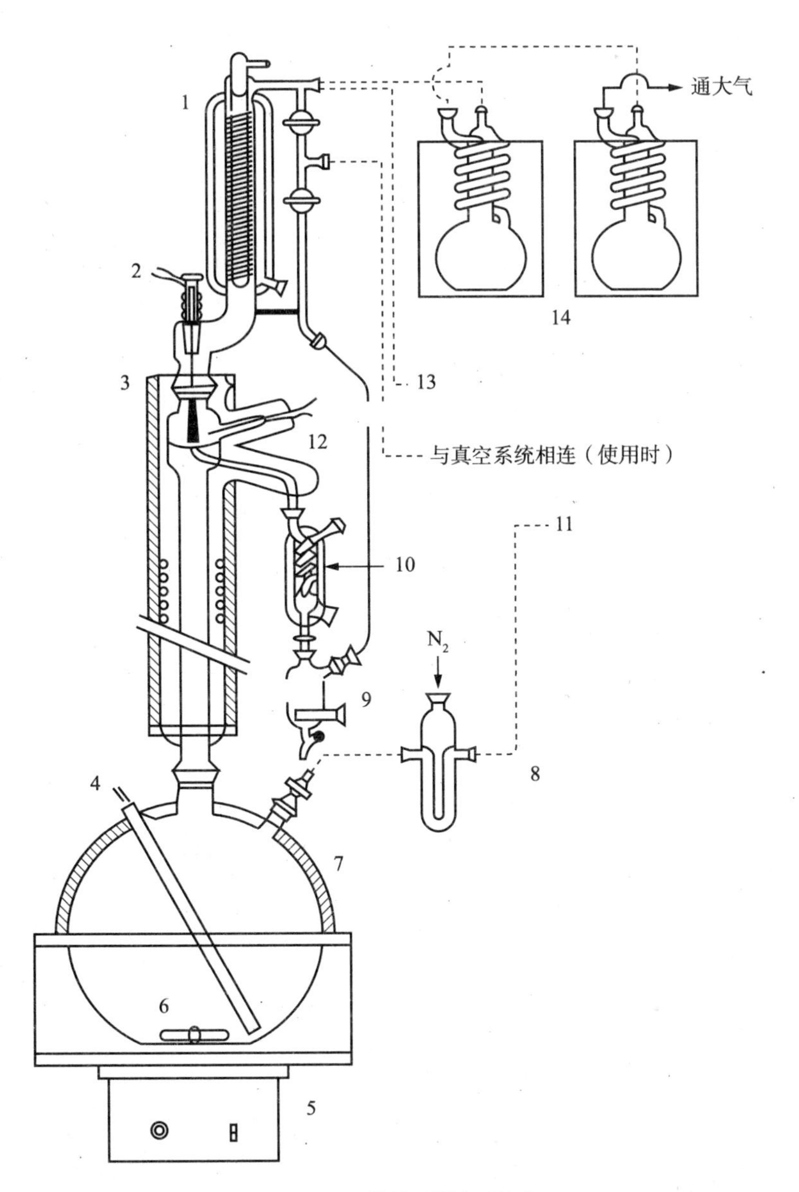

图 5 - 4　蒸馏系统组装图

1—冷凝器；2—电磁阀线圈；3—带保温套的蒸馏柱（塔Ⅰ）；4—测量液相温度；5—搅拌马达；6—搅拌子；7—带保温罩的蒸馏烧瓶；8—N_2 鼓泡瓶；9—接收器；10—馏分冷却器；11—压差传感器；12—测量气相温度（或塔顶温度）；13—压差传感器；14—干冰冷阱

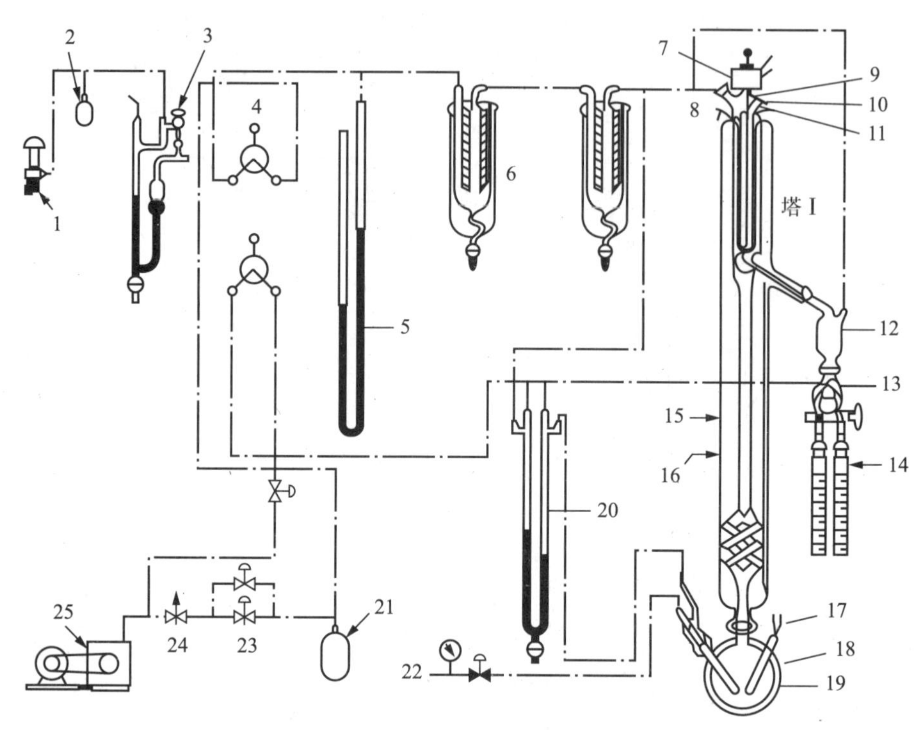

图 5-5 原油实沸点蒸馏装置(塔Ⅰ)流程示意图

1—液体压力计;2—压力表;3—压力调节器;4—阀门;5—压差计;6—干冰冷阱;7—电磁铁接时间控制器(控制回流比);8—气相温度传感器;9—冷凝器;10—制冷剂进口;11—制冷剂出口;12—馏分冷却器;13—接收转换器;14—馏分接收器;15—蒸馏柱的真空夹套;16—保温套;17—液相温度传感器;18—加热罩;19—蒸馏烧瓶;20—压降测定器;21—缓冲罐;22—惰性气体进口;23—节流阀;24—电磁阀;25—真空泵

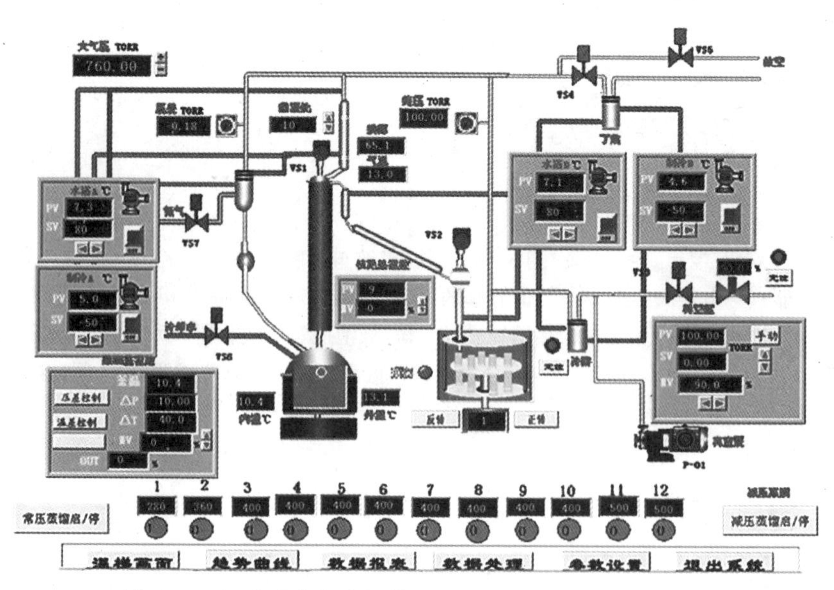

图 5-6 原油实沸点蒸馏装置工艺流程(A)微机操作界面

5.2.4 操作步骤

1. 仪器的准备

在蒸馏前，对蒸馏塔及所有辅助玻璃仪器都要进行清洗和干燥，检查仪器的密封性，确保在真空下操作时不漏入空气。计时器备用。确保所有加热器控制设施和仪表均处于正常的工作状态。

2. 样品装入

装样量一般为蒸馏烧瓶容积的 1/2。测定原油的密度，按要求的进料体积误差±5%计算出原油的质量。先在蒸馏烧瓶中放一些玻璃片或瓷片，控制暴沸，也可使用搅拌器。然后用减量法将原油加入烧瓶中。

把盛有样品的蒸馏烧瓶接到蒸馏塔上，将差压计和压力传感器连接好。加热系统，如果使用搅拌器，要把支架安装好。

必须注意，有毒的 H_2S 气体，常常从原油中挥发出来，需要采取预防措施。可以把气体通入冷阱而被吸收，也可以排放到安全的地方。

3. 常压蒸馏

对原油的蒸馏是从塔Ⅰ常压蒸馏开始的。如果油样内含有丁烷等轻烃类及水，要对丁烷进行回收及脱水蒸馏(水质量分数大于 0.2%时)。脱丁烷过程用于回收原油中的轻烃。由于国产原油普遍较重，大多数情况下可以省去该步骤。

操作步骤如下。

切换到图 5-6 原油实沸点蒸馏装置工艺流程(A)微机操作界面。

(1) 检查指示值与当地实际气压是否相符，如果不正确应调到正确值。

(2) 将装有油样的釜连到塔Ⅰ接口上，将测压管、测温管与釜连接，将接收器用千斤顶升起。

(3) 按控制柜前面板电源启动按钮，给装置通电，再打开计算机开关启动计算机。通电顺序不能倒置。

(4) 打开自来水阀，给装置及低温浴槽通冷却水，再打开低温浴槽电源开关，启动制冷系统。

(5) 使釜降温冷却水阀及重油减压塔冷却水阀处于关闭位置。

(6) 按工艺要求或油样特点设定各切割点温度。

(7) 使用鼠标右键点击图 5-6 中的“常压蒸馏启/停”按钮，启动常压蒸馏过程。

(8) 当低温浴槽指示温度达到－20℃以下时，连接丁烷收集器到放空口，启动冷剂泵，给主冷凝器及丁烷收集器降温，使丁烷回收器上的两个手动阀处于通的位置。然后给蒸馏釜加热，加热强度一般在 30%～60%之间，加热由按钮右下角的箭标来控制，其中下边的 MV 数值表示加热炉通电时间比例，上边的数值为釜内液温，Δp 为压差控制，ΔT 为温差控制。启动釜搅拌器，在有油气产生时(根据塔内液温指示来判定)，适当调节加热强度，以保证系统在理想的速度下运行。

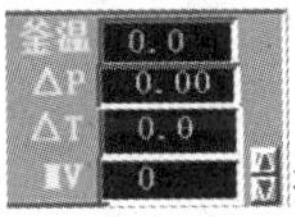

(9) 当有适量的液体从冷凝器流回时，塔顶气相温度保持 15min 不变后，使中间罐控制阀处于红色状态，使处于 5，整个系统就自动按设定的切割温度进行常压蒸馏操作。如果被测样品内没有水分，该系统将在釜温达到 350℃或操作人员人工干预下停止蒸馏；如果样品内有水分，将在气相温度达到 150℃时，手动操作停止蒸馏。其操作方法是使按钮的 MV 输出值为零，使回流比为 10(全回流)，去掉釜保温罩，打开釜降温阀。

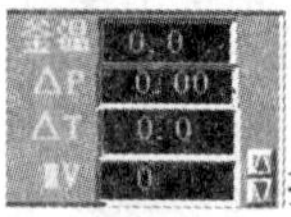

如果有水存在，请将蒸出的油水混合物进行油水分离，然后将油加入冷却后的釜内，重新按(1)(4)(5)(6)(7)(8)(9)进行常压蒸馏。

常压蒸馏结束后，将丁烷收集器的两个手动阀置于关闭位置，取下容器称重并记录丁烷的质量。

(10) 给釜通冷却水降温，对切出的油样进行称重并记录。

4. 减压蒸馏

(1) 应确保蒸馏烧瓶中的液体温度在 13.3kPa 压力下没有达到沸腾温度，釜温及塔温降到 100℃以下。如果在达到这个压力前蒸馏烧瓶中液体沸腾，则应立即停下来，继续冷却，直到在此压力下液体不沸腾，再开始减压蒸馏。

(2) 设定切割点。13.3kPa(100mmHg)压力下的温度与常压温度的换算见表 5-2。本装置操作界面(图 5-6)中，温度可以自动换算，因此此时设定的切割点温度输入值均为常压下的温度。

表 5-2　13.3kPa(100mmHg)压力下的温度与常压温度换算

温度/℃	0	1	2	3	4	5	6	7	8	9
50	108.5	109.7	110.8	112.0	113.1	114.2	115.4	116.5	117.6	118.8
60	119.9	121.0	122.2	123.3	124.4	125.6	120.7	127.9	129.0	130.1
70	131.3	132.4	133.5	134.7	135.8	136.9	138.0	139.2	140.3	141.4
80	142.6	143.7	144.8	146.0	147.1	148.2	149.4	150.5	15.6	152.7
90	153.9	155.0	156.1	157.2	158.4	159.5	160.6	161.8	161.9	164.0
100	165.1	166.3	167.4	168.5	169.6	170.8	171.9	173.0	174.1	175.3
110	176.4	177.5	178.6	179.7	180.9	182.0	183.1	184.2	185.4	186.5
120	187.6	188.7	189.8	191.0	192.1	193.2	194.3	195.4	196.6	197.7
130	198.8	199.9	201.0	202.1	203.3	204.4	205.5	206.6	207.7	208.8
140	210.0	211.1	212.2	213.3	214.4	215.5	216.6	217.8	218.9	220.0
150	221.1	223.2	223.3	224.4	225.6	226.7	227.8	228.9	230.0	231.1
160	232.2	233.3	234.4	235.6	236.8	237.8	238.9	240.0	241.1	242.2
170	243.3	244.4	245.5	246.6	247.7	248.9	250.0	251.1	252.2	253.3

续表

温度/℃	0	1	2	3	4	5	6	7	8	9
180	254.4	255.5	256.6	257.7	258.8	259.9	261.0	262.1	263.2	264.3
190	265.4	266.5	267.6	268.7	269.8	270.9	272.0	273.2	274.3	275.4
200	276.5	277.6	278.7	279.8	280.9	282.0	283.1	284.2	285.3	286.4
210	287.5	288.5	289.6	290.7	291.8	292.9	294.0	295.1	296.2	297.2
220	298.4	299.5	300.6	301.7	302.8	303.9	305.0	306.1	307.2	308.6
230	390.4	310.5	311.6	312.7	313.4	314.8	315.9	317.0	318.1	319.2
240	320.3	321.4	322.5	323.6	324.7	325.8	326.8	327.9	329.0	330.1
250	331.2	332.3	333.4	334.5	335.6	336.6	337.7	338.8	339.9	341.0

(3) 正确连接各接口及接收器，在低温浴槽指示温度均达到－20℃以下后开启冷剂泵，给主冷凝器及冷阱降温。

(4) 使用鼠标右键点击“减压蒸馏启/停”按钮，启动减压蒸馏过程。

(5) 如果釜及塔温在室温温度下，先将釜加热到 100℃左右，把系统压力下边的设定值调到适当的值，该值的大小由原油性质而定，再启动真空泵(使处于绿色)。

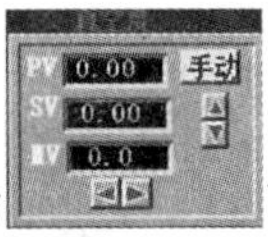

(6) 最低压力下的蒸馏。塔Ⅰ减压蒸馏时一般为 13.3kPa、6.5kPa、3.3kPa、0.65kPa 及 0.266kPa(系统压力为 0.266kPa 时，回流比为 2)。当某一设定的压力不能完成塔Ⅰ最后应达到的切割温度时，要在釜温达到 320℃以后降温，等釜温降到下一个压力下的釜内最轻组分的沸点以下，再降低系统压力，重新加热蒸馏，直到完成塔Ⅰ减压蒸馏。塔Ⅰ减压蒸馏的终结温度可在 350～425℃之间。

使用表 5-3 和表 5-4，将减压下的蒸汽温度换算成相应的常压温度(AET)。在此阶段，要注意检验冷凝器流出的液滴和馏出物是否均匀流入馏出线，如发现有结晶物出现，当切割温度达到 350℃或有蜡析出时，要打开恒温水浴热水循环泵，以保证馏分能进入接收器。

表 5-3　1.33kPa(10mmHg)压力下的温度与常压温度换算

温度/℃	0	1	2	3	4	5	6	7	8	9
50	165.8	167.1	168.3	169.6	170.8	172.1	173.3	174.6	175.9	177.1
60	178.4	179.6	180.9	182.1	183.4	184.6	185.9	187.1	188.4	189.6
70	190.9	192.1	193.4	194.6	195.9	197.1	198.4	199.6	200.9	202.1
80	203.4	204.6	205.9	207.1	208.3	209.6	210.8	212.1	213.3	214.5
90	215.8	217.0	218.3	219.5	220.7	222.0	223.2	224.4	225.7	226.9
100	228.1	229.4	230.6	231.8	233.1	234.3	235.5	236.8	238.0	239.2

续表

温度/℃	0	1	2	3	4	5	6	7	8	9
110	240.4	241.7	242.9	244.1	245.4	246.6	247.8	249.0	350.3	251.5
120	252.7	253.9	255.1	256.4	257.6	258.8	260.0	261.2	262.5	263.7
130	265.9	266.1	267.3	268.5	269.8	271.0	272.2	273.4	274.6	275.8
140	277.0	278.3	279.5	280.7	281.9	283.1	284.3	285.5	286.7	287.9
150	289.2	290.3	291.5	292.8	294.0	295.2	296.4	297.6	298.8	300.0
160	301.2	302.4	303.6	304.8	306.0	307.2	308.4	309.6	310.8	312.0
170	313.2	314.4	315.6	316.8	317.9	319.1	320.3	321.5	322.7	323.9
180	325.1	326.3	327.5	328.7	329.9	331.1	332.2	333.4	334.6	335.8
190	337.0	338.2	339.4	340.5	341.7	342.9	344.1	345.3	346.5	347.6
200	348.8	350.0	351.2	352.4	353.5	354.7	355.9	347.1	358.3	359.4
210	360.6	361.8	363.0	364.1	365.3	366.5	367.7	368.8	370.0	371.2
220	372.3	373.5	374.7	375.9	377.0	378.2	379.4	380.5	381.7	382.9
230	384.0	385.2	386.4	387.5	388.7	389.8	391.0	392.2	393.3	394.5
240	395.7	396.8	398.0	399.1	400.3	401.5	402.6	403.8	404.9	406.1
250	407.2	408.4	409.6	410.7	411.9	413.0	414.2	415.3	416.5	417.6

表 5-4　0.266kPa(2mmHg)压力下的温度与常压温度换算

温度/℃	0	1	2	3	4	5	6	7	8	9
50	201.1	202.4	203.8	205.1	206.4	207.7	209.1	210.4	211.7	218.0
60	214.4	215.7	217.0	218.3	219.6	221.0	222.3	223.6	224.9	226.2
70	227.6	228.9	230.2	231.5	232.8	234.1	235.4	236.7	238.0	239.4
80	240.7	242.0	243.3	244.6	245.9	247.2	248.5	249.8	251.1	252.4
90	253.7	255.0	256.3	257.6	258.9	260.2	261.5	262.8	264.1	265.4
100	266.7	268.0	269.2	270.5	271.8	273.1	274.4	257.7	277.0	278.3
110	279.5	280.8	282.1	283.4	284.7	286.0	287.2	288.5	289.8	291.1
120	292.4	293.6	294.9	296.2	297.5	298.7	300.0	301.3	302.6	303.8
130	305.1	306.4	307.6	308.9	310.2	311.5	312.7	314.0	315.2	316.5
140	317.8	319.0	320.3	321.6	322.8	324.1	325.3	326.6	327.9	329.1
150	330.4	331.6	332.9	334.1	335.4	336.6	337.9	339.2	340.4	341.7
160	342.9	344.2	345.4	346.6	347.9	349.1	350.4	351.6	352.9	354.1

续表

温度/℃	0	1	2	3	4	5	6	7	8	9
170	355.4	356.6	357.8	359.1	360.3	361.6	362.8	364.0	365.3	366.5
180	357.8	369.0	370.2	371.5	372.7	373.9	375.2	376.4	377.6	378.8
190	380.1	381.3	382.5	383.8	385.0	386.2	387.4	388.7	389.9	391.1
200	392.3	393.5	394.8	396.0	397.2	398.4	399.6	400.9	402.1	403.3
210	404.5	405.7	406.9	408.1	409.4	410.6	411.8	413.0	414.2	415.4
220	416.6	417.8	419.0	420.2	421.4	422.7	423.9	425.1	426.3	427.5
230	428.7	429.9	4311.1	432.3	433.5	434.7	435.9	437.1	438.3	439.5
240	440.7	441.8	443.0	444.2	445.4	446.6	447.8	449.0	450.2	451.4
250	452.6	453.8	454.9	456.1	457.3	458.5	459.7	460.9	462.1	463.2

塔Ⅰ减压蒸馏的注意事项如下。

①放空阀处于“断开”(红色)状态。

②减压蒸馏时不可随意改变系统压力,系统内因馏分变化造成的压力变化不影响蒸馏结果。

③降低系统压力前必须将釜及塔的温度降到足够低。

塔Ⅰ减压蒸馏结束后停止加热,打开冷却水阀,使塔保温及MV输出值为“0”。当温度降到安全温度(150～200℃)以下后,打开真空调节阀提高系统压力,停止真空泵,即使处于红色状态。当系统达到常压后,旋动千斤顶降下接收器,称取馏分质量并记录。

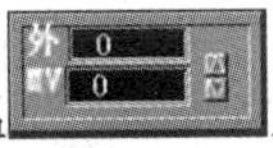

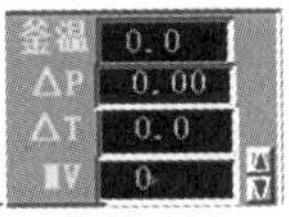

(7) 清洗蒸馏仪。

①向玻璃洗瓶内加入 1 000mL 石油醚或汽油,将洗瓶连接到塔Ⅰ上。

②启动冷凝器制冷及循环系统。

③加热进行塔Ⅰ常压蒸馏(参考塔Ⅰ常压蒸馏操作)。

注意:此时必须处于绿色状态。

④当返回到洗瓶内的液体色清透明时,启动回流阀,管线外观干净后,就可停止蒸馏。

如果要求严格,请将流回洗瓶内的轻组分蒸干,称量洗瓶内残液的质量,得到塔Ⅰ滞留量,可将该滞留量加到重油减压塔的第一个馏分上,也可在进行重油减压塔蒸馏前加入釜内。

5.2.5　实验结果计算方法

(1) 计算每个馏分与渣油的收率,准确到装样量的 0.1%(质量分数)。

$$\frac{m}{M}=\text{馏分或渣油的质量分数} \tag{5-4}$$

式中，m 为馏分或渣油的质量，g；M 为装入蒸馏烧瓶中样品的质量，g。

(2) 计算损失率，精确到0.1%(质量分数)。

$$\text{损失率}=1-\sum m/M \tag{5-5}$$

计算出来的质量损失不能大于0.4%(质量分数)，否则蒸馏结果无效。把损失的2/3归到冷阱收集的馏分中，1/3归到第一个石脑油馏分中。如果冷阱中没有收集到冷凝物，则把损失常规分配到各个馏分中。

(3) 计算原油、馏分及渣油的15℃下的体积。

$$V=M/D \tag{5-6}$$

式中 V——装入烧瓶中原料的体积，mL；

M——装入蒸馏烧瓶的原料质量，g；

D——装入原料的15℃下的密度，g/mL。

$$V_i=m/d \tag{5-7}$$

式中，d 为各馏分或渣油的15℃下的密度，g/mL；V_i 为各馏分或渣油的体积，mL。

(4) 计算各馏分的体积分数，精确到装入体积的0.1%。

$$\text{馏分体积分数}=V_i/V \tag{5-8}$$

(5) 计算增加的或损失的体积分数。

$$\text{体积分数}=1-\sum(V_i/V) \tag{5-9}$$

一般用上式计算的结果为负值。

如果原料油及各馏分均用20℃下的密度来计算各馏分的体积分数，其结果与用15℃下的密度基本无差别。

5.2.6 实验精确度要求

本方法的精确度，经各个实验室的统计结果如下(再现性)。

对15℃下的密度为0.859g·cm^{-3}的原油，不同实验室之间蒸馏斜率之差为6℃/(%)。

在长期运转中，相同原料两次单个试验之差在20次试验中超出表5-5中数值的仅为1次。

表5-5 实沸点实验精确度要求

馏分油	质量收率/%	体积收率/%
常压蒸馏(210℃)	1.2	1.2
减压蒸馏	1.4	1.5

5.2.7　思考题

(1) 轻质油的馏程范围是如何划分的?

(2) ASTM D2892 原油蒸馏方法适用条件如何?

(3) 为什么需要规定全回流时蒸馏塔的最高和最低理论板数?

(4) 为什么需要检查大气压指示值? 若不进行校正,气压高或者气压低会对蒸馏效果产生什么影响?

5.3　重油实沸点减压蒸馏

5.3.1　实验目的

(1) 了解重油实沸点减压蒸馏的方法;

(2) 熟悉重油实沸点减压蒸馏仪器。

5.3.2　原理和方法

该方法用于初馏点高于 150℃的石油馏分或重油的减压蒸馏,最高切割温度相当于常压沸点 530～550℃。这种方法中所使用仪器的特点是蒸馏柱短,柱内设雾沫分离器,柱压降低,全流出操作,可以得到较高的拔出率。ASTM D5236 法除对仪器结构和操作程序作了具体要求外,并附有 6 个附录。有的附录与 D2892 的相同,主要不同之处是测温响应时间要求不大于 1min,灵敏度比 D2892 方法高,其次是净滞留量要求不大于装料的 0.5%(质量分数)。

5.3.3　设备和仪器

抚顺石油化工研究院开发研制的新一代原油实沸点蒸馏仪:FY—Ⅴ型微机控制实沸点蒸馏仪。其重油减压塔在性能上等效于 ASTM D5236 标准。具体配置有:①蒸馏系统;②接收系统;③冷凝冷却及保温系统。重油实沸点减压蒸馏装置(塔Ⅱ)示意图见图 5－7 和图 5－8。

FY—Ⅴ型原油实沸点蒸馏工艺流程(B)微机操作界面即为重油实沸点减压蒸馏装置(塔Ⅱ)微机操作界面。

5.3.4　操作步骤

按照图 5－7 和图 5－8 进行以下实验步骤。

(1) 将装有原料的蒸馏釜与重油减压塔对接,用标有 S19 的盲塞将测压口封死,罩上保温罩。

(2) 打开冷却用自来水阀,给系统及低温浴槽通冷却水。启动冷阱用的低温浴槽制冷,设定

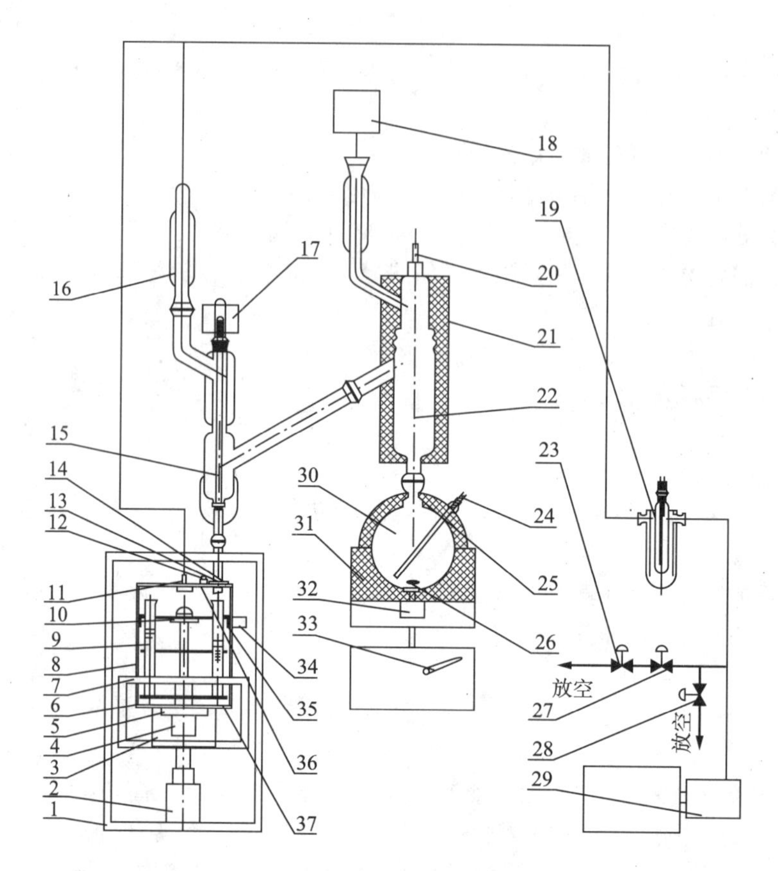

图 5-7　重油实沸点减压蒸馏装置(塔Ⅱ)示意图

1—框架；2—电动升降器；3—电机保护罩；4—转盘步进电动机；5—连接轴；6—接收器密封圈；7—活动框架；8—接收器玻璃罩；9—馏分接收管；10—接收管转盘；11,16—真空接管；12—光管；13—馏分入口管；14—馏分入口密封压盖；15—馏分中间罐；17—磁力线圈；18—绝压变送器；19—真空冷阱；20—铂电阻；21—保温套；22—蒸馏塔(塔Ⅱ)；23—电动真空调节阀；24—釜测温、冷却接头；25—釜保温罩；26—磁力搅拌转子；27—真空电磁阀；28—放空电磁阀；29—真空泵；30—蒸馏釜；31—釜加热套；32—搅拌电机；33—电动升降器炉升降；34—磁感应传感器；35—磁感片；36,37—上下凸缘

恒温水浴温度，启动热水循环泵，使釜冷却水阀处于关闭状态，使重油减压塔冷却水阀处于开通状态。

(3) 旋转接收器下面的千斤顶，使接收器处于密封状态。

(4) 设定切割点温度。

使用鼠标右键点击“减压蒸馏启/停”按钮，启动减压蒸馏过程。

(5) 开始加热，MV 控制值(加热时间比)此时可在 30%～50%之间，当釜温达到 120℃左右时，启动真空泵(处于绿色状态)，用调节箭标把的设定值调

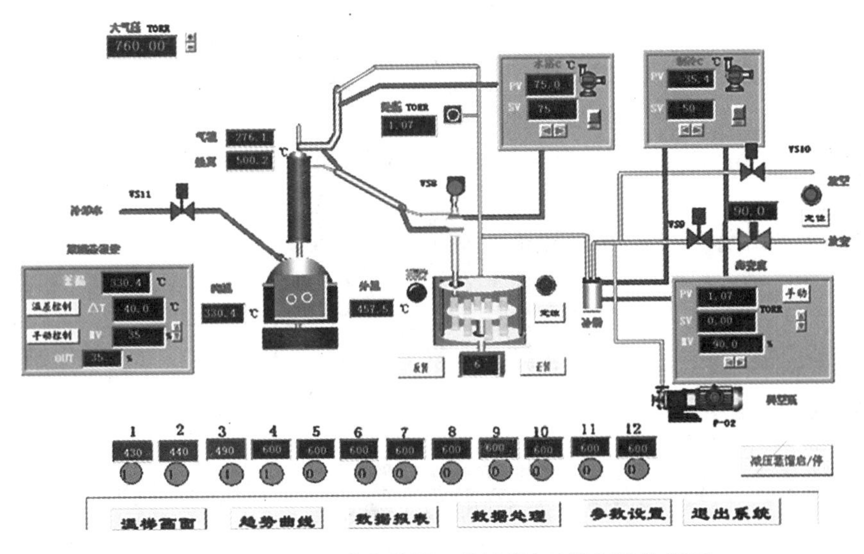

图 5-8　原油实沸点蒸馏工艺流程(B)微机操作界面

节到需要的数值，再点击　和　使它们处于红色关断状态。

如果在重油减压塔上不切窄馏分的话，可不设　，并关闭　使系统压力降到最低。如果在重油减压塔上要切窄馏分，开始时就要把系统压力定得高一些，比如 0.266kPa，这样就可以减轻两个塔之间的断空现象。

当气相温度从开始的室温有所升高或重油减压塔下部有深色液体回流时，降低加热强度，一般为 25%左右，使中间罐控制阀　处于绿色状态，随着馏分的流出，计算机按设定的切割点自动控制切割，直到　图中釜温到 350℃或操作人员干预为止才停止加热。蒸馏过程中要根据流出速度调整加热强度，馏分以滴状进入接收管为最佳。重油减压塔的最高切割温度为 530～550℃。蒸馏结束后，打开釜冷却水阀给釜降温，当釜温达到 200℃以下时打开真空微调阀提高系统压力，再关闭真空泵使系统回到常压并称重。

(6) 取出馏分接收管，称取各馏分质量并记录。

(7) 清洗蒸馏仪。向玻璃洗瓶内加入 1 000mL 左右石油醚或汽油，将洗瓶连接到重油减压塔上并进行常压蒸馏。在重油减压塔进行常压蒸馏时，接收器可不升到密封位置以利于轻油蒸气对流出管路的清洗，直到外观干净为止结束清洗蒸馏。

将洗瓶内的洗液与接收器收到的洗液合在一起，蒸干其中的轻组分，称取洗瓶内残液质量，该残液加入重油减压塔的最后一个馏分，也可把它当作蒸馏釜内渣油来处理。

(8) 渣油处理。重油减压塔蒸馏结束后，蒸馏釜内的渣油要称取质量以备总收率的计算。

减压渣油的黏度很大，要在很高的温度下(一般为 150℃左右)才能倒出来。倒渣油的方法：用倒油夹夹紧釜，从小孔将渣油倒出以防搅拌转子随渣油一起倒出。倒油时要注意风向以免伤及操作人员，然后再用轻油将釜洗干净以备下次蒸馏使用。

5.3.5 计算

(1) 计算各馏分的质量收率和体积收率，方法同 ASTM D2892 所述。总物料平衡必须为 99.5%～100.1%。

(2) 减压下的温度与常压下相当温度的换算：

$$AET=\frac{748.1\times A}{\frac{1}{T+273}+0.386\ 1\times A-0.000\ 516\ 06}-273 \tag{5-10}$$

如果操作压力≤0.266kPa(≤2mmHg)，则

$$A=\frac{4.71-\lg(p_{obs}/p_{atm})}{2\ 876.663-43.00\lg(p_{obs}/p_{atm})}-0.000\ 286\ 7 \tag{5-11}$$

如果操作压力大于 0.266kPa，则

$$A=\frac{3.877-\lg(p_{obs}/p_{atm})}{2\ 387.262-95.76\lg(p_{obs}/p_{atm})}-0.000\ 286\ 7 \tag{5-12}$$

式中 A——式(5-11)或式(5-12)中得到的值；

AET——常压下相当温度，℃；

T——减压下的温度，℃；

p_{obs}—减压下的实际压力，kPa；

p_{atm}—大气压，kPa。

上述计算公式仅对特性因数 K 为 12±0.2 和沸点范围在 38～371℃的馏分是正确的。如果需要对 K 的影响进行校正，按下列公式计算：

$$AET'=AET+\Delta T$$

$$\Delta T=-1.4(K-12)\lg\frac{p_{atm}}{p_{obs}}$$

$$K=\frac{\sqrt[3]{1.8(B+273)}}{D} \tag{5-13}$$

或

$$K=\frac{\sqrt[3]{1.8(B+273)}}{d_4^{15.6}} \tag{5-14}$$

式中 K——特性因数；油品的平均沸点和相对密度的函数，与油品的化学组成有关(石蜡基原油 K>12.1；中间基原油 K 为 11.5～12.1；环烷基原油 K 为 10.5～11.5)；

AET'——校正的常压下相当温度，℃；

B——中平均沸点，℃，也可以用模拟蒸馏的 50%点温度；

D——15℃下的密度，g/cm^3；

$d_4^{15.6}$——15.6℃下的相对密度；

ΔT——温度校正值，℃。

石油馏分平均沸点的分类有以下 5 种。

(1) 体积平均沸点，主要用于求定其他难以直接测定的平均沸点。

体积平均沸点 t_V(℃)：

$$t_V = \frac{t_{10} + t_{30} + t_{50} + t_{70} + t_{90}}{5} \tag{5-15}$$

(2) 质量平均沸点，主要用于求定油品的真临界温度。

质量平均沸点 t_w(℃)：

$$t_w = \sum_{i=1}^{n} w_i t_i \tag{5-16}$$

(3) 立方平均沸点，主要用于求定油品的特性因数 K 和运动黏度。

立方平均沸点 T_{cu}(K)：

$$T_{cu} = (\sum_{i=1}^{n} v_i \sqrt[3]{T_i})^3 \tag{5-17}$$

(4) 实分子平均沸点，主要用于求定油品的假临界温度和偏心因数。

实分子平均沸点 t_m(℃)：

$$t_m = \sum_{i=1}^{n} X_i t_i \tag{5-18}$$

(5) 中平均沸点，用于求定油品含氢量、特性因数、假临界压力、燃烧热和平均相对分子质量等物理性质。

中平均沸点 t_{me}(℃)：

$$t_{mc} = \frac{t_m + t_{cu}}{2} \tag{5-19}$$

5.3.6　精密度要求

实验的重复性和再现性在 20 次实验中只有 1 次超出表 5-6 中数值。

表 5-6　实验的重复性和再现性要求

液体流出体积分数/(%)	重复性/℃	再现性/℃
10	6.1	16.9
20	4.5	12.8
30	5.1	13.5
40	4.9	11.2
50	5.7	14.2

续表

液体流出体积分数/(%)	重复性/℃	再现性/℃
60	4.1	8.4
70	4.8	11.4
80	4.9	5.1
90	4.4	4.4

5.3.7 思考题

(1) ASTM D5236 重油减压蒸馏方法的适用条件如何?
(2) ASTM D2892 与 ASTM D5236 有何异同?
(3) 为何减压下的温度与常压下相当温度的换算方式有两种?
(4) 特性因数 K 和油品的性质有何关联?

5.4 气相色谱测定原油的馏程分布

原油的馏程分布是炼厂加工过程最为基础的数据。常规实沸点馏程分析标准 ASTMD 2892 是严格的条件试验,受到取样时样品温度和体积的影响,分析时间长。色谱模拟蒸馏具有进样量少、快速、准确的优点,可以用极少的样品在较短的时间内完成原油馏程分析,为原油的加工方案调配及原油常、减压蒸馏塔各线油拔出率的预测提供客观依据。

5.4.1 实验目的

(1) 了解气相色谱测定原油馏程分布的方法及原理;
(2) 了解原油的馏程分布。

5.4.2 实验原理

利用气相色谱法测定原油的馏程分布可获得与传统的蒸馏法相同的测定结果,通常把这种方法称为色谱模拟蒸馏。该方法可以测定原油 538℃前的馏程分布,而大于 538℃的组分作为渣油给出其质量分数。

色谱模拟蒸馏法是以正构烷烃混合物(其中至少有一个化合物的沸点等于或低于测试原油的初馏点,最高沸点达 538℃)为标样,采用非极性固定相和程序升温技术,使标样中的各正构烷烃按沸点顺序依次从色谱柱中流出,建立沸点与保留时间的关系曲线,即校准曲线(图 5-9)。然后在相同的测试条件下,将原油用 CS_2 稀释后注入色谱柱分析,得到相应色谱图。色谱的保留时间对应于原油组分的沸点,色谱曲线下的面积与总面积之比对应于原油的馏出量,将各组分面积分数与其馏出温度关联,即可得到馏程分布。原油中沸点大于 538℃的组分,由于其组成较重,不能汽化，故在原油中加入内标进行第二次分析，根据两次分析结果计算出原油的馏程分布数据。

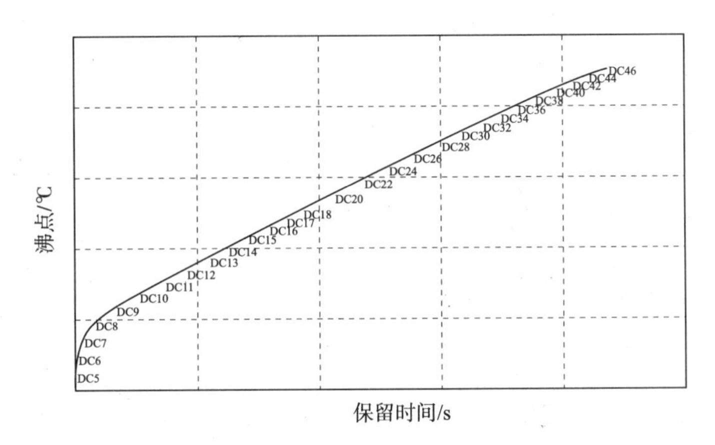

图 5－9　正构烷烃沸点与保留时间关系曲线

5.4.3　实验方法

1. 实验设备

色谱仪：由岛津 GC－14A 气相色谱仪、CDMC－21 色谱工作站、WH－500B 模拟蒸馏软件及供气系统组成。

微型注射器：5uL 或 10uL。

2. 色谱分析条件

柱温：35～360℃，升温速率：10℃/min；

载气：高纯氮气，流速：30mL/min；

气化室温度：360℃；

检测器温度：360℃。

3. 试剂和材料

(1) 净化空气，高纯氢气，高纯氮气。

(2) 无水氯化钙。

(3) 标样：溶于 CS_2 中的正构烷烃混合物，其中至少有一个化合物的沸点等于或低于原油的初馏点，最高沸点达 538℃。

(4) CS_2：纯度不小于 99％。

(5) 内标：C14～C17 四种正构烷烃的混合物，四种烷烃的质量分数基本相等，浓度应保证在检测器的线性响应范围之内。

4. 试样准备

(1) 脱水。原油分析测试前需脱水。将 2～3g 干燥试剂(如无水氯化钙)放置在一只 50mL 的小瓶中，加入原油到其体积约 1/2 处。封紧瓶口，用力振荡数分钟，静置数分钟使干燥剂沉淀，用吸管将脱水后的油层吸出准备称量和分析用。

(2) 称取 0.10g 干燥后的原油，放置在一个小瓶中，然后加入约 0.01g(10μL)内标，用大约

2mL 的 CS_2 稀释，盖紧小瓶，用力振荡 3min，至瓶内混合物完全溶解，该试样用作原油加内标的分析。

(3) 称取 0.10g 干燥后的原油，放置在另一个小瓶中，用大约 2mL 的 CS_2 稀释，该试样用作不加内标的原油分析。

5.4.4 实验步骤

(1) 开载气钢瓶，调节至适当流量。

(2) 开启色谱仪，设置色谱分析条件，预热。

(3) 待柱箱温度、气化室温度和检测器温度达到设定值后，开通空气和氢气，点燃氢火焰。

(4) 开启 CDMC-21 色谱工作站，测试程序升温基线补偿谱图，并存入色谱工作站。操作步骤如下：①启动色谱工作站；②选择方法；③设置参数；④分析：注入试样，同时按下色谱升温开关及色谱工作站遥控按钮，色谱柱开始分离，色谱工作站开始采集分析数据；⑤色谱柱分离结束，工作站进行谱图后处理；⑥谱图保存。

(5) 标样分析：在与测试基线相同的条件下，分析由正构烷烃混合物组成的标样，建立保留时间与沸点之间的关系，作为校准曲线和校准表，并存入色谱工作站。

(6) 试样分析：在与标样相同的测试条件下，分析原油加内标和不加内标的试样，所得的色谱图扣除基线后存入色谱工作站。图 5-10 为典型的原油加内标和不加内标色谱图。

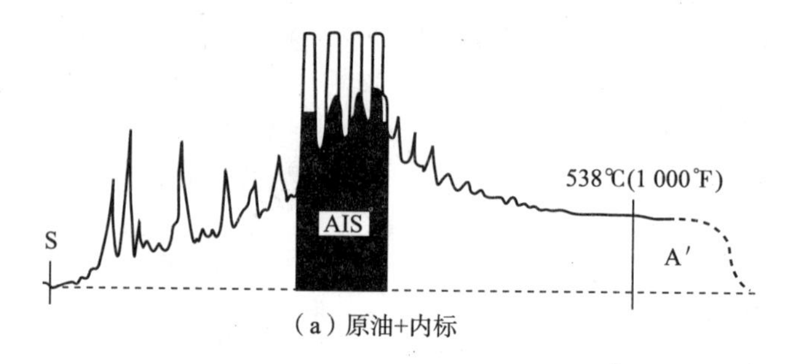

(a) 原油+内标

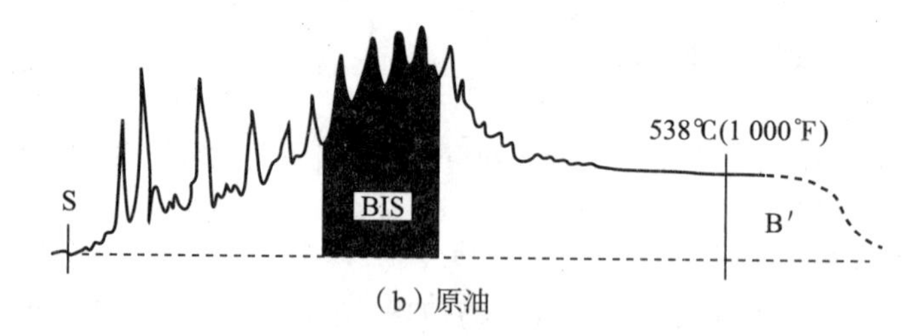

(b) 原油

图 5-10 石油馏分谱图

(7) 用模拟蒸馏软件处理相关谱图。模拟蒸馏软件操作步骤如下。

① 打开工作站，进入模拟蒸馏软件，先选择内标法。

② 调用已经存在的校准表。

③ 分别打开需要计算的不加内标试样谱图和加内标试样谱图。输入切片开始时间和结束

时间，以及切片中内标区域的开始时间和结束时间。然后按计算切片面积按钮，分别计算两张谱图的切片面积和内标区域的切片面积。

④ 计算收率-沸点，可得原油馏程分布数据。

⑤ 打印报告。

5.4.5　实验结果和报告要求

1. 实验结果

分析原油馏程分布数据，并绘制曲线图。

2. 实验结果精度要求

该分析方法的重复性和再现性示于表 5－7 中。

表 5－7　重复性和再现性

馏出质量分数/%	重复性/℃	再现性/℃
IBP	3.7	10.6
5	4.7	14.8
10	6.9	11.3
20	6.8	15.4
30	7.6	20.4
40	9.3	24.6
50	10.6	30.3
60	11.8	25.9
70	17.6	39.2
80	24.8	38.8
85	18.8	38.8
90	20.7	44.9
渣油	2.6($w_B \times 10^2$)	8.1($w_B \times 10^2$)

5.4.6　思考题

(1) 原油的沸点是根据什么测定的？

(2) 本实验为什么要采取程序升温的方法？

(3) 本实验可能的误差是什么？

(4) 气相色谱有哪些常规的定量方法？

5.5 吸收法气体脱硫

天然气和液化石油气(LPG)中含有 H_2S、CO_2 和相对分子质量小的有机硫化合物均称为酸性化合物，在这些酸性化合物中 H_2S 体积分数高，对设备腐蚀大，既影响产品的使用，又造成环境污染，因此在使用之前必须进行脱除。

5.5.1 实验目的

(1) 掌握用溶剂脱除气体中硫化氢的原理和方法；

(2) 了解几种典型脱硫剂的气体脱硫效果；

(3) 了解化学反应对吸收过程的影响。

5.5.2 实验原理

H_2S 和 CO_2 等酸性气体是天然气、炼厂气中主要的有害组分，在应用前必须有效脱除。采用 MDEA、MEA 和 DEA 等醇胺类化合物作为脱硫剂，通过化学吸收法脱除 H_2S 成为天然气、炼厂气最主要的脱硫方法。

化学吸收法脱硫原理是利用碱性脱硫剂溶液在常温下与 H_2S、CO_2 等酸性气反应生成盐，实现气体的脱硫。吸收富液用升温解吸方法分解盐，释放出 H_2S 和 CO_2，从而实现脱硫剂溶液循环使用。伯醇胺、仲醇胺、叔醇胺与 H_2S 和 CO_2 的反应机理如下，见表 5-8。

表 5-8 脱硫反应机理

	与 H_2S 反应	与 CO_2 反应
伯胺	$RNH_2+H_2S \longrightarrow RNH_3^+ + HS^-$	$2RNH_2+CO_2 \longrightarrow RNH_3^+ + RNHCOO^-$
		$RNH_2+CO_2+H_2O \longrightarrow RNH_3^+ + HCO_3^-$
仲胺	$R_2NH+H_2S \longrightarrow R_2NH_2^+ + HS^-$	$2R_2NH+CO_2 \longrightarrow R_2NH_2^+ + R_2NCOO^-$
		$R_2NH+CO_2+H_2O \longrightarrow R_2NH_2^+ + HCO_3^-$
叔胺	$R_3N+H_2S \longrightarrow R_3NH^+ + HS^-$	$R_3N+CO_2+H_2O \longrightarrow R_3NH^+ + HCO_3^-$

注：R 为烃基或乙氧基。

H_2S 和醇胺的反应是一个瞬间反应，因此醇胺吸收 H_2S 过程是一个气膜扩散控制的传质过程，在工业吸收条件下，各种类型的醇胺对 H_2S 吸收速率相差不大。而醇胺吸收 CO_2 的过程由上述反应机理可知，各种醇胺是不相同的。CO_2 能直接与伯醇胺、仲醇胺反应生成氨基甲酸盐，这是一个快速反应；而叔醇胺由于 N 原子上没有直接相连的 H，因此不能与 CO_2 直接反应生成氨基甲酸盐，其反应历程是 CO_2 溶解于水生成碳酸，再与叔醇胺反应生成碳酸氢盐，这是一个缓慢反应。因此叔醇胺吸收 CO_2 的过程是由反应和液膜扩散共同控制的。正是由于反应速度的差异，导致了叔醇胺对 H_2S 的吸收具有动力学上的选择性。

醇胺吸收 CO_2 和 H_2S，由于反应机理、反应速率、溶剂的黏度、表面张力和有效接触面积等的变化，都会影响吸收速率。目前，气液反应的传质模型应用比较广泛的是双膜论模型。双膜论假定气、液界面两侧各存在一个静止膜，气相一侧为气膜，液相一侧为液膜，而气液两相的物质传递速率仅取决于气膜和液膜的分子扩散速率。带有化学反应的气液反应，不仅存在于气液相间的传递过程，而且在液相中还存在着化学反应。液膜或液流主体中的化学反应减少了被吸收组分的浓度，增加了被吸收组分的推动力，从而加快了吸收速率。当反应属缓慢反应时，吸收反应通常在液流主体中进行；当反应属快速反应时，吸收反应可在液膜中进行完毕；当反应属瞬时反应时，吸收反应则常在界面或液膜中的某一平面上完成。

5.5.3　实验方法

1. 实验装置和流程

开启 CO_2、N_2 钢瓶，用减压阀减压，流量计调节各自所需流量，用计量泵将配置的一定浓度的 H_2SO_4 溶液打入预先放置一定浓度 Na_2S 溶液的反应瓶，在反应瓶中发生反应，生成的 H_2S 气体经缓冲、干燥，压缩机加压后与 CO_2、N_2 在混合器中混合，进入原料气罐。从原料气罐出来的气体经流量计计量、预热管预热后由塔底进入吸收塔，待气量稳定后，吸收液由吸收剂泵引入，通过流量计控制液体流速，预热管控制吸收剂进塔温度。原料气和尾气中 H_2S 和 CO_2 的体积分数由检测管检测，吸收富液中 H_2S 和 CO_2 的体积分数通过化学滴定法确定。吸收法气体脱硫实验原则流程见图 5-11。

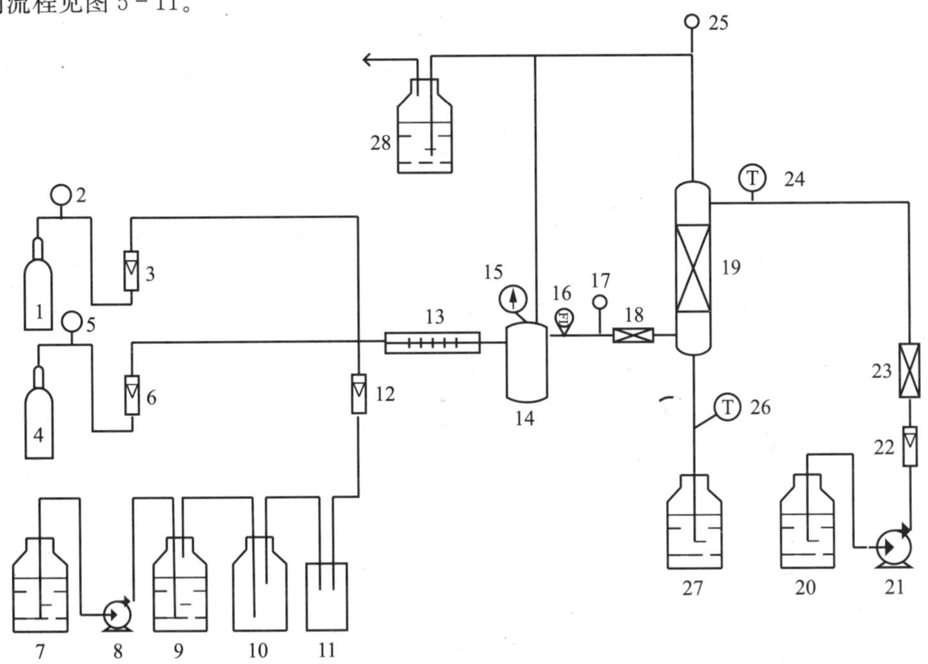

图 5-11　吸收法气体脱硫实验装置原则流程图

1—N_2 钢瓶；2—N_2 减压阀；3—N_2 流量计；4—CO_2 钢瓶；5—CO_2 减压阀；6—CO_2 流量计；7—H_2SO_4 储罐；8—计量泵；9—Na_2S 反应器；10—H_2S 缓冲瓶；11—压缩机；12—H_2S 流量计；13—气体混合管；14—原料气储罐；15—压力表；16—原料气流量计；17—原料气采样口；18—原料气预热器；19—吸收塔；20—吸收剂储罐；21—吸收剂循环泵；22—吸收剂流量计；23—吸收剂预热器；24—吸收剂入口温度计；25—尾气采样口；26—吸收剂出口温度计；27—吸收剂回收罐；28—尾气再吸收器

2. 分析试剂

(1) 1mol/L 乙酸锌溶液：称取 22g 乙酸锌于 250mL 的锥形瓶内，加入蒸馏水 100mL，然后加热使乙酸锌溶解，冷却后使用。

(2) 0.5%淀粉溶液：称 0.5g 可溶性淀粉以少量水调成糊状，加入刚煮沸的蒸馏水至 100mL，冷却加入 0.4g 氯化锌保存。

(3) 0.025mol/L 硫代硫酸钠溶液：称取 25g 硫代硫酸钠($Na_2S_2O_3 \cdot 5H_2O$)，溶于 1L 煮沸放冷的蒸馏水中，此溶液浓度约为 0.1mol/L，加 0.4g 氢氧化钠或 0.2g 碳酸钠，储存于棕色瓶内，并进行浓度标定。然后以此硫代硫酸钠溶液稀释成 0.025mol/L 硫代硫酸钠溶液。

(4) 0.05mol/L 碘溶液：称 20g 碘化钾溶于 100mL 水中，加入 6.36g 碘片，待碘完全溶解后用水稀释至 1L。以标准硫代硫酸钠溶液标定浓度。

(5) 1mol/L 氢氧化钠溶液。

(6) 1mol/L 盐酸溶液。

(7) 0.1mol/LNaOH 溶液：称取固体 NaOH 4g，加蒸馏水 100mL，使 NaOH 完全溶解后，再用蒸馏水稀释到 1 000mL，然后用基准物(邻苯二甲酸氢钾)标定后待用。

(8) 0.1mol/L 盐酸溶液：用清洁移液管取浓盐酸 9mL，加入蒸馏水稀释到 1 000mL，再用 NaOH 标准溶液标定后待用。

(9) 0.1%甲基橙溶液：取 0.1g 甲基橙溶于 100mL 水中。

(10) 20%$BaCl_2$ 溶液：称取 20g 固体 $BaCl_2$，加蒸馏水至 100mL。

3. 气液相组成分析方法

(1) 气相组分检测方法

采用 ND-系列检测管式气体定量手动采样仪对原料气和尾气进行采样，使用检测管检测法对原料气和尾气中 H_2S 和 CO_2 的体积分数进行检测。

(2) 液相 H_2S 质量浓度的测定

使用碘量法测定液相中硫化氢的质量浓度。原理是加入过量的乙酸锌使液相中的硫化氢反应生成硫化锌沉淀；然后加入过量的碘溶液以氧化生成的硫化锌，剩余的碘用硫代硫酸钠标准溶液进行滴定，根据滴定结果得出液相中硫化氢的质量浓度。碘量法测定液相中 H_2S 的步骤如下。

① 试样沉淀：用移液管移取 5mL 吸收液(富液)于锥形瓶中，再加入 3mL 乙酸锌溶液和 1mLNaOH 溶液，生成白色沉淀。

② 沉淀转移：将生成的沉淀过滤后连同滤纸转移到 250mL 的碘量瓶中，并捣烂滤纸，再加入蒸馏水 50mL。

③ 样品滴定：在碘量瓶中用移液管移入 20mL 碘溶液及 5mL 浓盐酸，摇动并静置反应 5min 后，使沉淀溶解；待沉淀全部溶解后，用硫代硫酸钠溶液进行滴定至淡黄色，加入 5 滴淀粉溶液，再继续滴至蓝色消失为止。记录用量。

④ 样品空白实验：另取同样吸收液，按上述步骤做空白试验。

由此得出的液相中 H_2S 的质量浓度为

$$[H_2S]=\frac{(V_1-V_2)\times c_0\times\frac{34.06}{2\ 000}\times 1\ 000\times 100}{5}\ \mathrm{mg/L} \tag{5-20}$$

式中　V_1——空白滴定值；

V_2——试样滴定值；

c_0——$Na_2S_2O_3$ 浓度。

(3) 液相 CO_2 质量浓度测定

采用氯化钡沉淀法测定富液中 CO_2 的质量浓度。加入过量 NaOH 将富液中 CO_2 转变成 Na_2CO_3，再加过量 $BaCl_2$，使 Na_2CO_3 转化成 $BaCO_3$ 沉淀，过滤去沉淀，用盐酸滴定滤液，由滴定结果计算出 CO_2 的质量浓度。氯化钡沉淀法测定液相中的 CO_2 步骤如下。

① 试样沉淀：用移液管移取 5mL 吸收液（富液）于锥形瓶中，并加 20mL 蒸馏水稀释，再取稀释后的试样 5mL 放入另一清洁锥形瓶中，加 NaOH 标准溶液 20mL，然后再加入 10mL 的 $BaCl_2$ 生成白色沉淀。

② 过滤沉淀：将生成的沉淀过滤后，取滤液加甲基橙 2 滴，用标准 HCl 滴定，待滤液颜色由浅黄色转变为淡红色为止。

③ 样品空白实验：另取同样吸收液，按上述步骤做空白实验。

由此得出的液相中 CO_2 的质量浓度为

$$[CO_2]=(V_1-V_2)\times c_0\times\frac{44}{2\,000}\times 1\,000\times 1\,000\text{mg/L} \tag{5-21}$$

式中　V_1——空白滴定值；

V_2——试样滴定值；

c_0——HCl 浓度。

4. 吸收性能的评价标准

用以下几个参数，表示脱硫剂的吸收性能。

(1) 选择性 S：

$$S=\frac{\left(\dfrac{M_{H_2S}}{M_{CO_2}}\right)_f}{\left(\dfrac{\varphi_{H_2S}}{\varphi_{CO_2}}\right)_t} \tag{5-22}$$

式中，$\left(\dfrac{\varphi_{H_2S}}{\varphi_{CO_2}}\right)_t$ 为尾气中 H_2S 和 CO_2 浓度比；$\left(\dfrac{M_{H_2S}}{M_{CO_2}}\right)_f$ 为吸收富液中 H_2S 和 CO_2 的摩尔吸收量比。

(2) 吸收率 η：

$$\eta=\frac{(\varphi_{H_2S})_r-(\varphi_{H_2S})_t}{(\varphi_{H_2S})_r}\times 100\% \tag{5-23}$$

式中，$(\varphi_{H_2S})_r$ 为原料气中 H_2S 的浓度；$(\varphi_{H_2S})_t$ 为尾气中 H_2S 的浓度。

5.5.4　实验步骤

(1) 打开吸收剂泵电源，通过流量计控制液体流速，使塔内填料充分润湿，并建立吸收塔的液封。

(2) 开启 CO_2、N_2 钢瓶，用减压阀减压，流量计调节各自所需流量，用计量泵将配置的一定浓度的 H_2SO_4 溶液打入预先放置一定浓度 Na_2S 溶液的反应瓶，在反应瓶中发生反应，生成的 H_2S 气体经缓冲、干燥，压缩机加压后与 CO_2、N_2 在混合器中混合，进入原料气罐。原料气罐先直接连接到尾气吸收罐，等 H_2S、CO_2、N_2 流量稳定一段时间后，原料气罐压力达到 0.3MPa再引入系统。

(3) 等到系统吸收稳定后，再用取样器抽取原料气和尾气，用检测管分析其浓度。要注意先采原料气，再采尾气；先采 H_2S，再采 CO_2。

(4) 原料气和尾气采样分析后，马上采吸收富液样品 30mL。将吸收富液样品放入冰箱冷冻 10min 后，再进行液相分析。

(5) 液相分析时，先分析 CO_2，再分析 H_2S。液相 CO_2 滴定分析时要迅速。

5.5.5 数据记录和报告要求

1) 实验原始数据记录(表 5-9)

实验装置 No.________

室温______________　　大气压______________

气体压力__________

吸收剂______________　　吸收剂浓度______________

表 5-9 原始数据记录

No.	L	G	t_1	t_2	$Y_{r,s}$	$Y_{r,c}$	$y_{r,s}$	$y_{r,c}$	c_s	c_c

2) 报告要求

(1) 分析并讨论原料气流量和组成对 H_2S 吸收率和选择性的影响；

(2) 考察吸收温度、气液比对 H_2S 吸收率和选择性的影响；

(3) 考察吸收剂组成及浓度对 H_2S 吸收率和选择性的影响。

每组同学考察 1～2 个因素的影响，每个因素测定 4～5 个实验点。在实验报告中，要着重于实验过程操作现象的分析，详细讨论所观察因素对 H_2S 吸收率和选择性的影响，以及可能采取的有效调节措施。实验结果用图和表格表示。

5.5.6 思考题

(1) 用反应工程和分离工程的相关概念，分析原料气流量和组成对 H_2S 吸收率和选择性的影响。

(2) 从实验结果分析气液比对 H_2S 吸收率和选择性的影响。

(3) 分析吸收剂组成和浓度对 H_2S 吸收率和选择性的影响。

(4) 分析温度对 H_2S 吸收率和选择性的影响。

(5) 为什么液相 CO_2 滴定分析时要迅速？如果分析速度较慢实验结果偏大还是偏小？

(6) 在本实验中如何防止气相短路？请提出进一步完善本实验的建议和设想。

5.6　基于分子管理的石脑油吸附分离

石脑油在炼油工业中的用途主要有三种：①乙烯裂解原料，目前石脑油已占我国乙烯原料构成的 60%以上；②催化重整的原料，生产高辛烷值汽油或芳烃产品；③车用汽油的调配。按照馏分管理的理念，形成了石脑油“宜油则油，宜烯则烯，宜芳则芳”的宝贵经验，但还存在原料中分子错位配置、未合理利用的问题。为了从分子水平上提高石脑油的利用效率，分子管理显示出其明显的先进性。对于石脑油，按照分子管理的理念，可采用 5Å($1Å=10^{-10}$ m)分子筛吸附分离出其中的正构烷烃作为优质乙烯裂解原料或切割成窄馏分制取溶剂油产品，非正构部分(主要是异构烷烃、环烷烃和芳烃)作为优质催化重整原料或高辛烷值汽油调和组分。

5.6.1　实验目的

(1) 了解石脑油分子管理理念；

(2) 掌握 5Å 分子筛吸附分离石脑油工艺；

(3) 掌握固定床吸附流出曲线的测定方法；

(4) 掌握辛烷值的模拟计算方法。

5.6.2　原理和方法

原油中从常压蒸馏初馏点到 200℃(或 180℃)之间的轻馏分称为直馏汽油馏分，也称石脑油，其碳原子数分布在 C_4～C_{10} 之间。汽油的辛烷值与烃类组成关系密切，芳香烃和异构烷烃辛烷值最高，可达 100 以上，烯烃和环烷烃次之，正构烷烃最低，如正庚烷为零，正辛烷为负值。石脑油中正构烷烃质量分数高，辛烷值较低，通常在 60 左右。将石脑油中的正构烷烃吸附分离脱除后，吸余油的辛烷值会有较大幅度的提高，可作为高辛烷值汽油调和组分。同时吸余油的芳烃潜含量显著高于石脑油，是优质的催化重整原料。富含正构烷烃的脱附油由于 BMCI 值小，是优质的裂解制乙烯原料。

从石脑油中分离正构烷烃最经济且高效的方法是利用 5Å 分子筛的择形吸附原理进行吸附分离。分子筛是结晶的多微孔硅铝酸盐，其有效孔道直径取决于与之交换的阳离子，如 CaA 型分子筛，孔径约为 5Å，正构烷烃分子可以进入其孔道，而异构烃、环烷烃、芳烃等烃类分子则不能被吸附。分子筛孔径均一，具有较高的分离效率。

5.6.3 实验装置和仪器

1. 实验装置流程

分子筛吸附分离实验装置的流程如图 5－12 所示，采用气相吸附、逆流脱附，以 5Å 分子筛为吸附剂，N_2 为脱附剂。主体为高度 1.2m、ϕ50mm 的固定床吸附柱。床层采用三段式加热，分别由温控仪表单回路控制。床层上部设压力测量仪表，两端以阀门切换吸附、中间油切割和脱附过程。原料油汽化炉和脱附气体预热器分别用两只温控仪表串级控制，以达到床层进口温度的精确设定。一组冷凝器分别冷却旁路原料油、吸余油、中间油和脱附油。

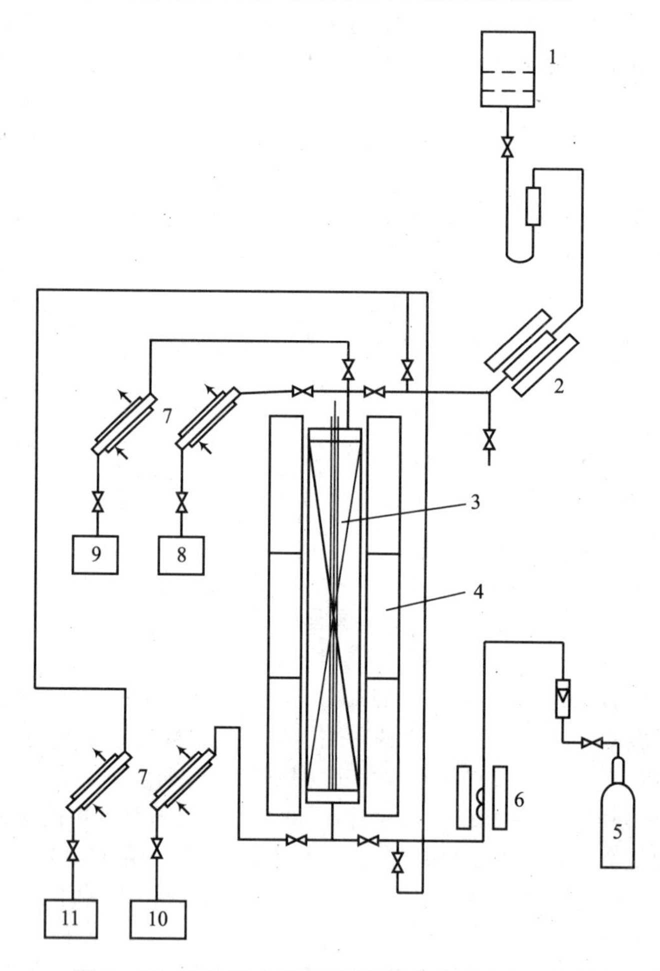

图 5－12　石脑油分子筛吸/脱附分离实验装置流程

1—原料石脑油高位槽；2—原料油汽化炉；3—吸附床层；4—床层恒温炉；5—脱附气体 N_2 钢瓶；6—脱附气体预热器；7—冷凝器；8—脱附油容器；9—中间油容器；10—吸余油容器；11—原料油回收容器

2. 实验条件

(1) 吸附温度：300℃；

(2) 吸附时间：40min；

(3) 石脑油进料流量:10mL/min;

(4) 脱附温度:300℃;

(5) 脱附时间:40min;

(6) 脱附气体流量:40L/h。

3. 产物分析

(1) 采用气相色谱法分析石脑油、吸余油和脱附油的组成。

(2) 气相色谱仪:CDMC 色谱工作站,高弹性石英毛细管 PONA 色谱柱,柱长 50m,内径 0.2mm,固定液 OV—101。

(3) 定性、定量方法:采用汽油组成分析软件定性定量。

(4) 色谱分析条件

柱温:35℃(15min)~180℃,升温速率:2℃/min;

气化室温度:250℃;

检测器温度:250℃;

进样量:1μL。

5.6.4 实验步骤

(1) 氮气吹扫:切换不同的管路,用氮气将管道和床层中的空气赶出系统。

(2) 预热:打开床层、汽化炉和预热器加热,并通过仪表设定至操作温度。

(3) 吸附:将原料油调节到适当流量,待其出口温度稳定,切换到床层进行吸附,用锥形瓶收集冷凝后的吸余油,每隔 5min 调换锥形瓶,称重,并用气相色谱仪分析组成。40min 后床层停止进料,将油汽切换至回收管路,关闭原料油进料泵,停止汽化炉加热。

(4) 中间油切割及脱附:床层温度设定至脱附温度,将吹扫氮气切换至床层,用锥形瓶收集冷凝后的中间油及脱附油,每 5min 调换锥形瓶,称重,并用气相色谱仪分析组成。至冷凝器中无冷凝液体,关闭预热器加热及脱附气体。

(5) 关闭所有加热电源。

5.6.5 实验结果记录和报告

(1) 记录实验条件。

(2) 记录色谱分析数据,分析原料、吸余油和脱附油的 PONA 组成。

(3) 进行吸附分离过程的物料衡算。

(4) 根据气相色谱分析结果,用经验公式(见附录 2)计算原料油及吸余油的辛烷值。

(5) 计算原料油及吸余油的芳烃潜含量(见附录 3)。

5.6.6 思考题

(1) 实验过程中可能导致床层温度波动的因素有哪些?

(2) 如何实现吸附分离过程较高的分离精度?

(3) 简述 5Å 分子筛吸附分离石脑油的原理。

(4) 如何使吸附分离过程连续化运行?

(5) 根据实验数据,吸余油辛烷值是否已达到 90# 汽油标准?

附录 1 烃类的辛烷值

表 5-10 汽油中常见烃类的辛烷值

化合物名称		纯烃实测辛烷值		纯烃调和辛烷值	
		RON	MON	RON	MON
正构烷烃	正丁烷	94	90	113	114
	正戊烷	62	62	62	67
	正己烷	25	26	19	22
	正庚烷	0	0	0	0
	正辛烷	—	—	−19	−15
异构烷烃	2-甲基丁烷	92	90	99	104
	2,2-二甲基丙烷	85	80	100	90
	2-甲基戊烷	73	73	83	79
环烷烃	甲基环戊烷	91	80	107	99
	丙基环戊烷	31	28	27	27
	环己烷	83	77	110	97
烯烃	1-己烯	76	63	97	94
	反-2-己烯	93	81	134	129
	2-甲基-2-庚烯	76	71	91	102
	2,2,4-三甲基-1-戊烯	>100	86	164	153
芳烃	苯	>120	115	98	90
	甲苯	120	104	124	112
	邻二甲苯	102	100	120	102

附录 2 汽油辛烷值的模拟计算

辛烷值是汽油质量的重要指标之一,分为马达辛烷值(MON)和研究辛烷值(RON),标准方法是在 CFR 发动机上测定,测试样品量大,耗时长,操作复杂,设备投资大,因此不易推广。

本模拟计算方法采用高分辨毛细管气相色谱法分析汽油样品所得数据,与用标准 CFR 发动机法测得的辛烷值,通过一元线性回归得出两者之间的计算公式。

$$\text{RON} = \sum a_i w_i \tag{5-24}$$

$$MON = 2.93 + 0.877RON = 2.93 + 0.877\sum a_i w_i \tag{5-25}$$

式中，a_i 为表示 i 组化合物的有效辛烷值；w_i 为表示 i 组化合物的质量分数。

从理论上讲，上式中的 i 应代表单体烃组分，但是考虑到汽油组成的复杂性，为了便于计算，根据分子结构和性质的相似性及对辛烷值的贡献大小，把汽油组分分成 21 组，每组的有效辛烷值见表 5 - 11。

表 5 - 11　汽油组分分组区间及有效辛烷值

组号	分组区间	有效辛烷值
1	正戊烷以前的组分	120.3
2	正戊烷	67.9
3	正戊烷与正己烷之间的组分	90.2
4	正己烷	20.9
5	正己烷与苯之间的组分	94.9
6	苯	105.2
7	苯与正庚烷之间的组分	93.7
8	正庚烷	−47.8
9	正庚烷与甲苯之间的组分	62.3
10	甲苯	113.9
11	甲苯与正辛烷之间的组分	95.4
12	正辛烷	10.5
13	正辛烷与乙苯之间的组分	96.1
14	乙苯	122.6
15	乙苯与对二甲苯之间的组分	45.4
16	对二甲苯、间二甲苯	102.0
17	间二甲苯与邻二甲苯之间的组分	73.3
18	邻二甲苯	123.6
19	邻二甲苯与正壬烷之间的组分与正壬烷	35.0
20	正壬烷与正癸烷之间的组分	112.0
21	正癸烷及其之后的组分	85.6

附录 3　芳烃潜含量计算

芳烃潜含量是指原料油中所含六碳环烷（C_6^n）、七碳环烷（C_7^n）和八碳环烷（C_8^n）全部转化为相应的芳香烃苯、甲苯和二甲苯时的质量分数，再加上原料中原有的芳烃质量分数，以此表征重整原料的优劣。

芳烃潜含量：

$$Ar(\%) = 0.93 \times C_6^n + 0.94 \times C_7^n + 0.95 \times C_8^n + A \tag{5-26}$$

式中，A 为原料中苯、甲苯及二甲苯的质量分数，%。

5.7 石脑油蒸汽裂解制乙烯

乙烯是世界上产量最大的化学品之一，乙烯产品占石化产品的70%以上，在国民经济中占有重要的地位。乙烯以石脑油等为原料，在高温并有水蒸气存在的条件下裂解制得。乙烯是合成纤维、合成橡胶、合成塑料（聚乙烯及聚氯乙烯）的基本化工原料，也用于生产苯乙烯、环氧乙烷、醋酸、乙醛、乙醇和炸药等。乙烯产量和生产技术已成为衡量一个国家石油化工发展水平的重要标志。

裂解原料的选择是乙烯生产过程中重要技术经济问题，乙烯原料费用占生产成本的70%～80%（以石脑油为原料）。原料越重，乙烯成本就越高，在生产成本中原料所占的比例也就越高。原料组成和性质决定了裂解乙烯的收率，原料的BMCI值越小，表示脂肪性越强，芳香性越弱，则乙烯收率越高。裂解原料的优化是提高乙烯装置效益的关键性因素。

5.7.1 实验目的

（1）了解石脑油裂解制乙烯的方法；

（2）了解原料中正构烷烃的质量分数对乙烯收率的影响；

（3）掌握裂解气体和尾油的分析方法。

5.7.2 原理和方法

乙烯生产常以石脑油为裂解原料，石脑油是一个复杂的烃类混合物，在高温下裂解，生成乙烯、丙烯等低分子烃和C_5^+馏分。乙烯的收率除了与操作参数有关外，还与原料的特性指标如烃类组成（PONA）、芳烃关联指数（BMCI）等密切相关。

1. 原料烃族组成

从多产乙烯、丙烯和少生焦的目标来衡量，裂解原料的优劣次序为：烷烃＞烷烃环＞单环芳烃＞多环芳烃。裂解原料的PONA值表征了原料油的烃族组成，表明了原料的优劣，对乙烯收率影响较大。表5-12列出了不同PONA值的石脑油裂解产物组成。

表5-12 PONA值不同的石脑油裂解产物组成

原料性质				
相对密度	0.67	0.712	0.69	0.673
馏程/℃	42～49	51～176	43～159	45～99
烃族组成/%（质量分数）				
P	87.6	69.5	76.0	81.9
O	—	—	—	—
N	10.9	23.5	19.9	15.0
A	1.5	6.5	4.1	3.0

续表

产物组成/%(质量分数)				
H_2	0.8	0.7	0.8	1.05
CO	—	0.1	0.1	—
CH_4	14.5	13.0	13.7	19.2
C_2H_2	0.25	0.2	0.3	0.6
C_2H_4	28.0	22.8	26.1	32.2
C_2H_6	5.2	5.0	4.0	4.7
C_3H_4	0.3	—	0.5	0.6
C_3H_6	17.6	17.4	16.0	14.6
C_3H_8	0.4	0.6	0.5	0.4
ΣC_4	9.8	12.2	12.4	7.65
C_5^+	23.15	28.0	25.6	19.0
出口温度/℃	800	800	820	870
稀释蒸汽比	0.6	0.6	0.6	0.6
出口压力/MPa	0.135	0.135	0.1	0.1

2. 芳烃关联指数 BMCI

芳烃关联指数 BMCI 是以相对密度和沸点组合起来的一个参数，其定义如下：

$$\mathrm{BMCI}=\frac{48\,640}{t+273}+473.6\times d_{15.6}^{15.6}-456.8 \tag{5-27}$$

由于正己烷的 BMCI=0，苯的 BMCI=100，故 BMCI 是一个芳香性指标。表 5-13 列出了各单一烃的 BMCI 值，可见，BMCI 增加的规律与烃类化合物芳香性增强规律是一致的，即正构链烷烃<支链烷烃<环烷烃<单环芳烃。BMCI 值越大，表示原料的芳香性越强，脂肪性越弱，乙烯收率就越低；相反，BMCI 值越小，表示原料的芳香性越弱，脂肪性越强，乙烯收率就越高，是优质的生产乙烯原料。研究表明，乙烯收率与裂解原料的芳烃关联指数 BMCI 值之间呈现良好的线性关系。

表 5-13　各类烃的关联指数 BMCI

烃	关联指数 BMCI
直链烷烃	
正戊烷	−0.6
正己烷	0.2
正辛烷	0.2

续表

烃	关联指数 BMCI
单环烷烃	
环戊烷	49.4
甲基环戊烷	41.4
环己烷	37.5
单环芳烃	
苯	99.8
甲苯	82.9
乙苯	74.9
多环芳烃	
茚满	109.8
萘	131.0

在石脑油裂解制乙烯工艺中，原料费用约占乙烯生产总成本的60%～80%，故以BMCI值接近于零的正构烷烃作为裂解原料，乙烯收率最高，生产成本降低。

本实验以石脑油分子筛吸附分离后的脱附油为原料，C_5～C_{10}正构烷烃质量分数可以达到98.2%以上。

5.7.3 实验装置和仪器

1. 实验装置流程

石脑油蒸汽裂解制乙烯实验装置流程如图5-13所示。原料油直馏石脑油或吸附分离脱附油(见“5.6　基于分子管理的石脑油吸附分离”实验)经过汽化器汽化后，与稀释蒸汽混合，进入预热炉预热，然后进入裂解炉的高温区——裂解炉管，在管内烃类原料发生裂解反应，生成乙烯、丙烯和丁二烯等。为了减少裂解气进一步反应而造成的目标产物损失，裂解气在急冷器中迅速冷却，流入气液分离器分离，气体产物经气体质量流量计计量，取样，液体产物进入尾油计量罐。

2. 实验条件

(1) 预热温度：590℃；

(2) 裂解出口温度：840℃；

(3) 停留时间：0.40s；

(4) 稀释蒸汽比：0.6。

3. 产物分析

(1) 裂解气体组成分析

采用气相色谱仪分析裂解气组成。检测器为氢火焰离子化检测器；色谱柱为PLOT Al_2O_3色谱柱，固定液为AT.Al_2O_3/S；柱长50m，内径0.53mm，膜厚20.0μm。色谱分析条件如下。

柱温：50℃(5min)～150℃，升温速率：5℃/min；

汽化温度：200℃；

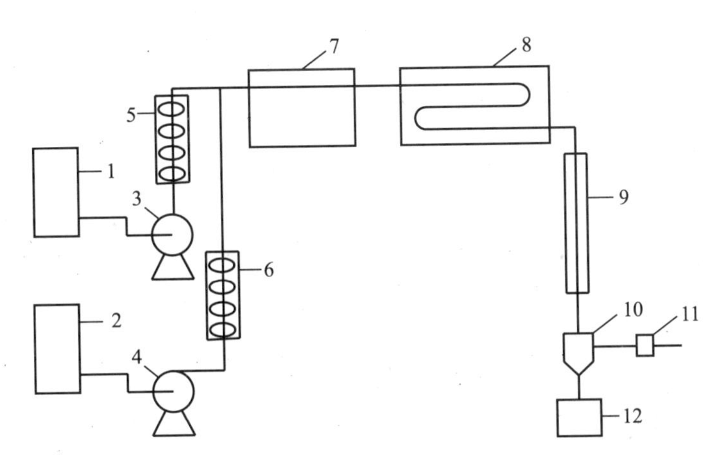

图 5-13　石脑油蒸汽裂解制乙烯实验装置流程图

1—油计量罐；2—水计量罐；3—油泵；4—水泵；5—油汽化器；6—水汽化器；
7—预热炉；8—裂解炉；9—急冷器；10—气液分离器；11—气体质量流量计；12—尾油计量罐

检测温度：200℃；

进样量：40μL。

(2) 裂解尾油组成分析

采用气相色谱仪分析裂解尾油的组成。检测器为氢火焰离子化检测器；色谱柱为高弹性石英毛细管柱 PONA 柱，柱长 50m，内径 0.32mm，固定液 OV—101。谱图采用汽油组成分析软件定性定量。色谱分析条件如下。

柱温：35℃(15min)～180℃，升温速率：2℃/min；

气化室温度：250℃；

检测器温度：250℃；

进样量：1μL。

5.7.4　实验步骤

(1) 氮气吹扫。切换不同的管路，将管道和裂解炉管中的空气赶出系统。

(2) 预热。打开预热炉和裂解炉加热，并通过仪表设定至操作温度，将原料油和稀释水蒸气调节到适当流量，待其出口温度稳定。注意升温速率应小于 200℃/h。

(3) 裂解反应。将原料油切换进裂解反应系统，待气液分离器中有白色雾状气体出现时，表明炉管中有裂解反应发生，裂解气体流量稳定后，用取样球胆收集气液分离器上方的裂解气体。尾油和冷凝水通过分液漏斗分离并收集。

(4) 停止进料。进料 20min 后，停止进料，关闭加热电源。

(5) 产物分析。用气相色谱仪分析裂解气及尾油的组成。

5.7.5 实验数据记录与报告

(1) 记录裂解反应条件。
(2) 记录裂解气体及尾油组成。
(3) 对裂解过程进行物料衡算。
(4) 计算乙烯、丙烯、丁二烯和尾油的收率。

表 5-14 实验数据记录

原料		石脑油	吸附分离脱附油
反应条件	预热温度/℃		
	裂解温度/℃		
	稀释蒸汽比		
	停留时间/s		
裂解气组成	CH_4		
	C_2H_4		
	C_2H_6		
	C_3H_6		
	C_3H_8		
	C_4H_6		
	C_4H_8		
	C_4H_{10}		
	C_5^+		
尾油组成	P		
	O		
	N		
	A		

5.7.6　思考题

(1) 为什么要控制预热炉和裂解炉的升温速率?

(2) 哪些是优质的乙烯裂解原料?

(3) 影响气体样品组成分析精度的因素有哪些?

(4) 乙烯收率与裂解条件有何关系?

(5) 将实验中得到的乙烯、丙烯和丁二烯的收率与工业典型数据对比分析。

(6) 分析比较石脑油和吸附分离脱附油的乙烯、丙烯和丁二烯收率。

5.8　固定流化床催化裂化反应

催化裂化是石油二次加工的主要方法之一。在高温和催化剂的作用下使重质油发生裂化反应,转变为裂化气、汽油和柴油等的过程,主要反应有分解、异构化、氢转移、芳构化、缩合、生焦等。与热裂化相比,其轻质油产率高,汽油辛烷值高,柴油化学稳定性较好,并副产富含烯烃的液化气。

5.8.1　实验目的

(1) 掌握在固定流化床反应器上进行催化裂化反应的方法;

(2) 了解催化裂化工艺的原理、原料性质和产物分布;

(3) 掌握催化裂化产物的分析方法。

5.8.2　原理和方法

催化裂化是炼油工业中主要的二次加工手段之一。催化裂化过程是在 480～520℃温度条件下蜡油和重油在催化剂上进行裂解反应,生成裂化气、汽油、柴油、焦炭等产物。各炼油厂和研究单位时常要对催化裂化反应过程和催化裂化催化剂进行科学实验,考察催化裂化反应机理、工艺条件、催化剂性能。科研中常常使用的实验设备有微型固定床反应器(简称“微反”)和固定流化床反应器。微反是一个固定床反应器,其催化剂装量很少,而固定流化床反应器是在高温下用水蒸气使反应器内的催化剂流化,形成流化床,在催化剂与原料油的接触形式上固定流化床反应器较微反更接近于实际生产装置上的提升管反应器,并且固定流化床反应器中催化剂加入量和原料油用量均较多,容易达到物料平衡,在进行重质油反应时,固定流化床反应器更显示出它的优越性,因此在对催化裂化过程进行研究时广泛使用固定流化床反应器。

本实验原料为(1) 催化剂:催化裂化工业平衡催化剂或经过老化的新鲜催化剂。

新鲜催化剂需经高温水蒸气预处理,老化的条件为:常压、760℃、100%水蒸气老化 4h,以降低新鲜催化剂的初活性,使之接近工业平衡催化剂。

(2) 原料油:蜡油或重油。

在固定流化床反应器上进行催化裂化反应,用气相色谱仪分析催化裂化反应后的气体产物、液体产物，用自动定碳仪测定反应后的堆积在催化剂上的焦炭。

5.8.3 实验装置和仪器

1. 实验装置流程

固定流化床反应装置由进样系统、反应系统、产物接收系统和温度控制系统四部分组成，流程见图 5-14。

(1) 进样系统

为了降低油品的黏度，确保油品良好的流动性，原料油和称量用的天平需置于保温箱内，用电热板加热，油泵和输油管线用电热带保温。用于流化的蒸馏水和反应原料油分别用水泵和油泵经三通阀和反应器预热段注入反应器底部。

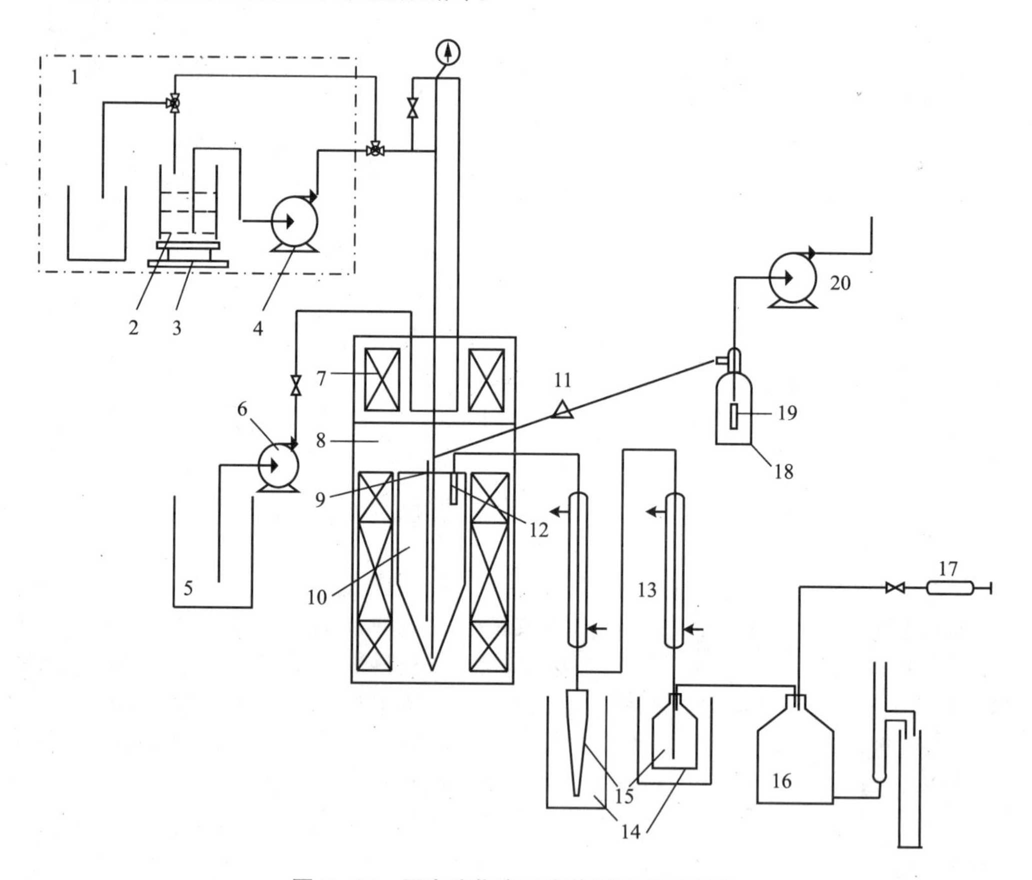

图 5-14 固定流化床反应装置流程示意图

1—保温箱；2—原料油罐；3—天平；4—原料油泵；5—水罐；6—输水泵；7—预热炉；8—加热炉；9—热电偶；10—反应器；11—催化剂出入口；12—过滤器；13—冷凝器；14—冰水浴；15—液体收集器；16—盐水瓶；17—采样器；18—缓冲瓶；19—过滤器；20—真空泵

(2) 反应系统

固定流化床反应器的形状见图 5-15，上部为不锈钢圆柱体(ϕ63mm×1.5mm)，下部为不锈钢圆锥体。在固定流化床反应器内有热电偶套管，套管内插入三支热电偶分别检测反应器内上、中、下三段温度。为了防止催化剂随同水蒸气及反应后的油气从流出口流出，在反应器内的产物出口还设置了陶瓷过滤器。

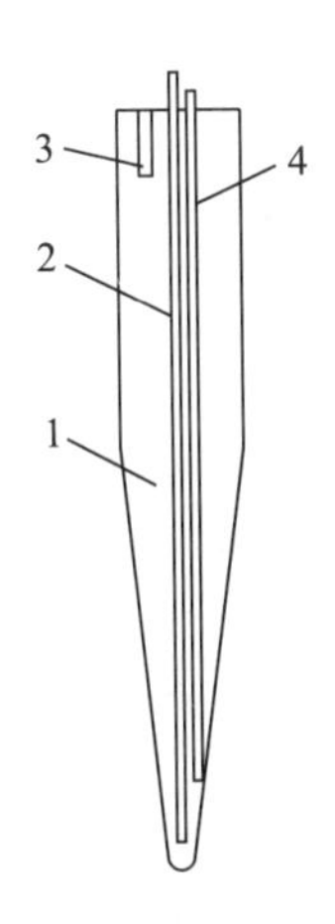

图 5－15　固定流化床反应器

1—反应器；2—原料油管；3—过滤器；4—热电偶套管

(3) 温度控制系统

本装置共有六个控制点，即预热炉、加热炉三段、进料系统保温箱及输油管线保温。六个温度点均采用 SWP—D905—87—03—HL—P 型智能仪表控制，各点温度由 K 型热电偶测量。

(4) 产物接收系统

反应后的油气经二级冷凝冷却后收集液体产物和气体产物。液体产物的接收瓶置于冰水浴中，气体产物收集采用排水集气法，集气瓶中需放入饱和盐水。用一台真空泵和一只过滤瓶相配置，从催化剂加料口加入或吸出催化剂。

2. 实验条件

(1) 催化剂用量：80g；

(2) 蒸馏水注入量：3mL/min；

(3) 反应温度：490℃；

(4) 反应压力：常压；

(5) 反应时间：固定流化床的反应时间定为从进料开始至停止进料的时间，本次实验反应时间为 1.5min；

(6) 反应空速：按质量空速 1～20h^{-1}的流量调节原料油泵。

3. 产物分析

(1) 气体产物分析

原料油在固定流化床上反应后，用排水集气法收集气体产物，液体产物中部分 C_5^+ 的轻组分不能被冷水全部冷凝成液体，而呈气态于气体产物中，因此，分析气体产物的目的在于把气体分割成小于 C_5 和 C_5^+ 两部分，把 C_5^+ 部分归并到汽油馏分中去。

仪器：上海海欣 GC—9160 气相色谱仪与 CDMC—1 型色谱数据处理机联用，采用 FID 检测器，色谱柱为邻苯二甲酸二壬酯＋有机皂土为固定液和 6201 为担体的填充柱，柱长 1.0m，柱内径3mm。色谱分析条件如下。

载气：N_2，0.02MPa；

氢气：0.1MPa；

空气：0.02MPa；

柱箱温度：50℃；

检测温度：150℃；

气化室温度：150℃；

进样量：80μL。

方法：异戊烷是汽油馏分中最轻的组分，因此以异戊烷作为气体产物和液体产物的分割点。在GC—9160气相色谱仪上注入纯异戊烷样品，用色谱数据处理机计算其保留时间，将气体产物色谱分析结果中保留时间大于异戊烷的物质归于液体产物。气体组分按出峰顺序依次为：甲烷、乙烷、乙烯、丙烷、丙烯、异丁烷、正丁烷、丁烯、异戊烷、正戊烷。

(2) 液体产物分析

催化裂化液体产物是一个宽沸程馏分，含有汽油、轻柴油和未转化油三个馏分，采用色谱模拟蒸馏的方法分析液体产物中汽油、柴油、未转化油的产率分布。采用日本岛津公司生产的GC—14A色谱仪、CDMC—21色谱工作站、WH—500B模拟蒸馏软件。分析原理和方法参见"5.4 气相色谱测定原油的馏程分布"实验。色谱分析条件如下。

柱温：35～360℃，升温速率：10℃/min；

载气：N_2，流速：30mL/min；

气化室温度：360℃；

检定器温度：360℃；

进样量：0.3μL。

(3) 固体产物分析

反应后的焦炭堆积在催化剂上，定碳分析是按钢铁定碳法在CS—H60C动定碳仪上测定。

5.8.4 实验步骤

(1) 准备催化剂：将催化剂放入烘箱内烘2h，烘箱温度控制在120～140℃，然后将催化剂放入干燥器中冷却待用。在天平上称取80g干燥的催化剂。

(2) 装催化剂：将真空泵同吸滤瓶相连，接在反应器的产物流出口，然后开启真空泵，将催化剂从催化剂加料口加到反应器内，然后封上催化剂加料口盖。

(3) 温度设定：打开固定流化床装置控制面板上的电源开关，设定各温度控制目标。

在智能仪表面板上"PV"显示测量值，"SV"显示控制目标。按住"SET"键不放，4s后即进入控制温度"SV"的设定状态，通过▲/▼键来设定所需的控制目标，在设定完毕后，再次按压"SET"键即将设定的参数保存。

先将反应器预热段控制温度设定在330℃，反应器上、中、下三段外壁控制温度均设定在500℃，保温箱和输油管线温度设定在60～80℃，并开始加热升温。外壁控制温度的设定需要随着反应器内的上、中、下三段温度显示是否达到所需反应温度而不断做出相应调整。

(4) 温度控制：温度设定好之后，保温箱、输油管线、预热段温度控制置于自动状态。反应器上、中、下三段温度控制开始采用手动状态，即在自动输出模式下，同时按“SET”键和“▼”键，仪表将自动跟踪输出量，“A/M”指示亮红灯，此时可按“▲/▼”键手动改变仪表输出量的百分比。

(5) 催化剂的流化：待反应器上、中、下三段炉温大于 300℃时，打开水泵，将蒸馏水按 3mL/min注入反应器，使催化剂预流化，同时打开冷凝冷却水。

(6) 原料油流速标定：在保温箱和输油管线温度达到 60～80℃时，开启原料油泵打循环，调节原料油流速可以调节反应的空速。本实验的原料油流速为 10g/min。在原料油流速标定完毕后，称量并记录原料油的质量。

(7) 反应温度的稳定：待反应器内的上、中、下三段温度显示接近 490℃时，在手动控制输出模式下，同时按“SET”键和“▼”键，此时 A/M 指示红灯灭，即已进入自动控制状态。通过不断调整外壁控制温度的设定而使反应器内的上、中、下三段显示温度达到所需的反应温度，即 490℃，并使预热段和反应器内的上、中、下三段显示温度保持稳定。

(8) 产物接收准备：将两个液体收集瓶分别称重，待各温度控制点温度稳定后，将它们分别接在固定流化床一段和两段产物收集口上，并将收集瓶置于冰水中，然后用饱和盐水将集气瓶灌满，关闭采样考克。

(9) 反应：做好一切准备工作后，若预热段和上、中、下三段温度在一段时间内保持不变，则进行温度补偿，具体操作是将加热炉上、中、下三段温度设定值分别提高 10℃，此时加热炉三段电流增加，补偿时间为 10～30s，待加热炉三段温度欲上升时，打开原料油进样阀开始进油，反应(进油)时间为 1.5min。1.5min 后切断原料油的进料，即关闭三段加热炉，使反应器各段温度在 1.5min内下降不超过 5℃。原料油回复打循环状态，称量反应后原料油质量，关闭油泵。

(10) 反应后吹扫：在反应结束后继续通水蒸气吹扫 15min(自进油结束后开始计时)，然后关闭水泵、油泵及冷凝冷却水。

(11) 采样分析：用针筒抽取集气瓶中的气体样品在 GC—9160 气相色谱仪上分析。用量筒量取排出的饱和盐水体积，即为反应气体体积。用分液漏斗将油和水分离，称出反应后液体产物的质量，在 GC—14A 气相色谱上分析，将液相产物分割成汽油、柴油和未转化油。

(12) 卸催化剂：待反应器内温度冷却到低于 300℃时，将真空泵和吸滤瓶接在催化剂加料口将催化剂和焦炭从反应器内吸出，称量并记录催化剂和焦炭的质量。

(13) 反应结束：整理实验用具，并打扫实验室。

5.8.5　实验数据记录和报告

1. 实验结果

(1)气体产物质量计算。反应后的气体产物用气体状态方程将收集到的气体体积换算成质量。

$$pV=\frac{m}{M}RT \tag{5-28}$$

式中　p——反应压力，取 1.013×10^5 Pa；

V——气体产物的体积，用排水集气法获取的气体产物的体积，m^3；

M——气体产物的相对分子质量，按组成加权平均计算；

m——气体产物的质量，g；

T——温度，取室温。

(2) 计算催化裂化反应产物：气体、汽油、柴油、未转化油和焦炭的收率，填入表 5 - 15 中。

表 5 - 15　催化裂化产物分布

<table>
<tr><td>名称</td><td>质量/g</td><td colspan="6">组成/(%)(对进料而言)</td></tr>
<tr><td rowspan="2">气体产物</td><td rowspan="2"></td><td colspan="3">气体</td><td colspan="3">汽油</td></tr>
<tr><td colspan="3"></td><td colspan="3"></td></tr>
<tr><td rowspan="2">液体产物</td><td rowspan="2"></td><td colspan="2">汽油</td><td colspan="2">柴油</td><td colspan="2">未转化油</td></tr>
<tr><td colspan="2"></td><td colspan="2"></td><td colspan="2"></td></tr>
<tr><td>焦炭</td><td></td><td colspan="6"></td></tr>
</table>

(3) 计算反应转化率。

$$转化率=\frac{进油量-液体产物质量\times液体产物中未转化油的百分数}{进油量}\times100\%$$

(4) 对反应过程进行物料平衡计算。

$$物料平衡=\frac{气体产物质量+液体产物质量+焦炭质量}{进油量}\times100\%$$

2. 实验结果精度要求

(1) 平行实验的产物收率绝对误差不大于 2%；

(2) 每次实验的物料平衡率在 94%～102%。

5.8.6　思考题

(1) 催化裂化反应是什么性质的反应？其反应后的产物有哪些？工业上催化裂化采用什么反应器？工业上催化裂化反应温度指的是什么位置的温度？

(2) 催化裂化的活性组分是什么？它分为哪三种类型？

(3) 在固定流化床反应器内反应时，对催化剂装入量和蒸馏水注入量为何有要求？催化剂装入量和蒸馏水的注入量怎样确定？

(4) 开动温度控制仪表时要注意哪些问题？反应过程中为何要进行温度补偿？反应结束前为何要用水蒸气吹扫？应注意哪些问题？

(5) 解释物料不平衡可能的原因。

(6) 水蒸气在整个实验过程中起了哪些作用？

(7) 试述空速的定义。本实验中空速为多少？

(8) 催化裂化气体产物的组成有何特点？

(9) 如何从实验结果来说明催化裂化是炼油化工一体化的核心工艺？

5.9　小型提升管重油流化催化裂化

自 20 世纪 60 年代以来，为配合高活性的分子筛催化剂，提升管反应器重油催化裂化技术得到了长足的发展。提升管催化裂化技术特点是整个裂化反应在提升管中进行，物料和催化剂运行如活塞流状并以很快速度完成反应，物流返混少，二次反应减少，轻油收率高。目前提升管催化裂化装置已占据主导地位。

5.9.1　实验目的

(1) 采用 XTL－6 小型提升管装置进行重油流化催化裂化(RFCC)反应，了解工业催化裂化装置基本构造和反应工艺条件；

(2) 了解不同原料裂化性能及产品性质的分析方法；

(3) 掌握催化剂性能评价及催化剂再生等方面的实验方法。

5.9.2　原理和方法

催化裂化的原料范围广泛，可分为馏分油和渣油两大类。馏分油主要是直馏减压馏分油(VGO)，馏程 350～500℃，也包括少量的二次加工重馏分油如焦化蜡油(CGO)、脱沥青油(DAO)等；渣油主要是减压渣油、加氢处理渣油等。渣油都是以一定的比例掺入减压馏分油中进行加工，其掺入的比例主要受制于原料的金属质量分数和残炭值。

提升管催化裂化反应温度为 480～520℃，馏分油和重油等原料在酸性催化剂上进行裂解反应，生成干气、液化气、汽油、柴油和焦炭等产物的过程。催化裂化反应遵循正碳离子反应机理，正碳离子通常指不饱和烃从催化剂的酸性位获得氢离子(质子)而形成的烃离子。饱和烃与已生成的正碳离子作用生成新的正碳离子，生成的正碳离子可以发生一系列顺序-平行反应，主要包括：①裂化反应；②氢转移反应；③异构化反应；④缩合反应；⑤烯烃环化反应；⑥热裂化反应；⑦烷基化反应；⑧生焦反应。其中催化裂化气体产物中以丙烯、丁烯居多；汽油中异构烃较多，二烯烃极少，芳烃较多。

本实验原料为(1) 催化剂：催化裂化工业经过老化的催化剂或工业平衡剂；

(2) 原料油：柴油、蜡油或渣油等。

5.9.3　实验装置和仪器

1. 实验装置流程

XTL－6 小型提升管装置流程图见图 5－16。催化裂化原料由油泵抽出送经原料预热炉加热到预定温度 280℃，与水蒸气混合后进入提升管底部与从再生斜管来的高温催化剂接触向上流动并进行催化裂化反应。

反应油气与催化剂在反应沉降器内进行分离。油气透过陶瓷过滤器通过集气罐进入回收计量系统。结炭的待生催化剂则流入汽提段，经汽提蒸汽汽提后通过待生斜管和待生塞阀进入再

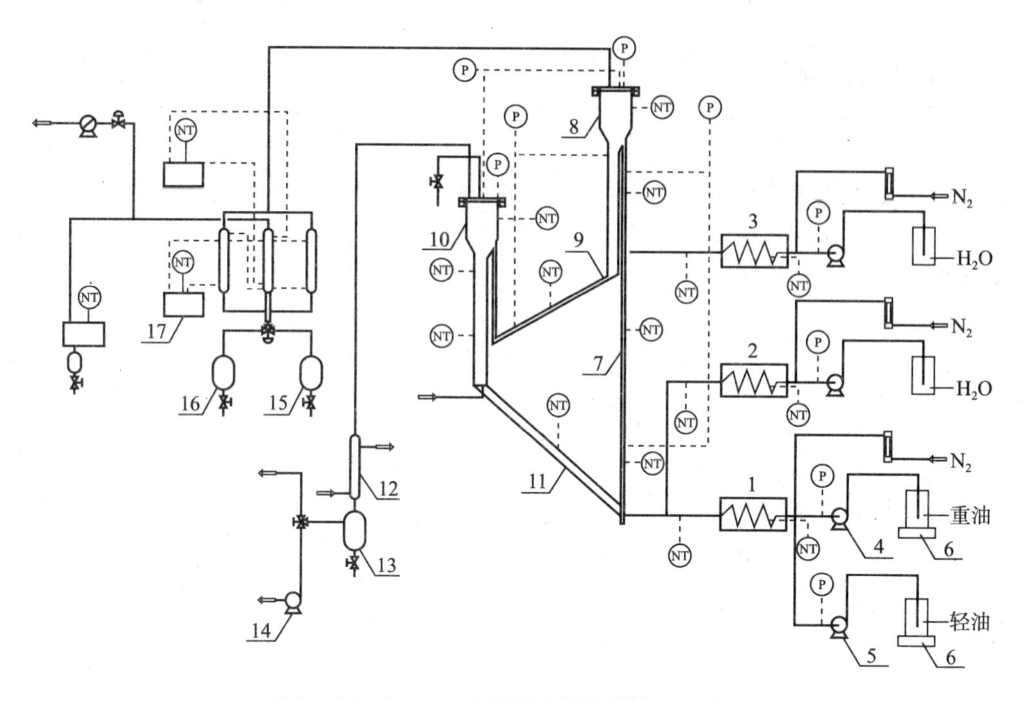

图 5-16　XTL-6 小型提升管装置流程示意图

1—原料油预热炉；2，3—蒸汽发生炉；4—重油泵；5—轻油泵；6—电子天平；
7—提升管反应器；8—沉降器；9—待生斜管；10—再生器；11—再生斜管；
12—换热器；13—集气罐；14—真空泵；15，16—生成油接收罐；17—冷阱

生器内；在再生器内与从空气分布管进入的空气逆向接触烧去催化剂上的部分焦炭。在再生器内烧焦所产生的烟气透过过滤器进入烟气冷却计量系统。再生后的催化剂进入提升管底部再与原料接触循环使用。

进入回收系统的反应油气通过油气冷凝器和稳定塔将重油、柴油及大部分汽油冷却收集到生成油接收罐中，剩余的油气由稳定塔顶进入低温冷却器进一步冷却，将其中的汽油轻组分冷却进入汽油接收罐。最后裂化气通过裂化气控制阀再经由干气表计量后放空。裂化气组成由采样阀采样分析。

进入冷却计量系统的烟气分别经烟气冷却器冷却到室温，冷却出来的水留在水气分离罐中，干的烟气经烟气控制阀再通过干气表计量后放空。烟气组成由采样阀采样分析。

2. 实验条件

(1) 原料油进料速率：0.8～1.5kg/h；

(2) 反应时间：1～2h；

(3) 催化剂藏量：3～4kg；

(4) 剂油比：4～12(原料为馏分油时为 4～8，原料为渣油时为 7～12)；

(5) 汽提和雾化水蒸气量：4g/min；

(6) 反应温度：480～550℃；

(7) 再生温度：640～720℃；

(8) 雾化器发生炉：350℃；

(9) 汽提气发生炉：500℃；

(10) 原料预热罐：90℃；

(11) 空气或氮气表压力在 0.2MPa 左右。

3. 产物分析方法

(1) 采用气相色谱 GC－920 分析裂化气组成

液体产物中部分 C_5^+ 的轻组分不能被冷水全部冷凝成液体，而呈气态于气体产物中，因此分析气体产物的目的在于把气体分割成小于 C_5 和 C_5^+ 两部分，把 C_5^+ 部分归并到汽油馏分中去。

色谱分析条件如下。

载气：N_2，0.02MPa；

氢气：0.1MPa；

空气：0.02MPa；

柱箱温度：50℃；

检测温度：150℃；

气化室温度：150℃；

进样量：80μL。

方法：异戊烷是汽油馏分中最轻的组分，因此以异戊烷作为气体产物和液体产物的分割点。气相色谱仪中纯异戊烷样品的保留时间，将气体产物色谱分析结果中保留时间大于异戊烷的物质归于液体产物。气体组分按出峰顺序依次为：甲烷、乙烷、乙烯、丙烷、丙烯、异丁烷、正丁烷、丁烯、异戊烷、正戊烷。

(2) 采用模拟蒸馏色谱 GC－14C 分析液体组成

色谱模拟蒸馏分析液体产品中汽油、柴油和重油切割的温度与其质量馏出量间的关系。确定汽油切割温度到 180℃，柴油为 180～360℃，大于 360℃的液体归并到重油组分中。

色谱分析条件如下。

柱温：35～360℃，升温速率：10℃/min；

载气：N_2，流速：30mL/min；

气化室温度：360℃；

检测器温度：360℃；

进样量：0.3μL。

5.9.4　实验步骤

(1) 准备工作：准备好充足的氮气；汽提水瓶和雾化水瓶加满蒸馏水；裂化气表加水至溢流口位置并调整表体水平；柴油瓶内加满柴油；气路仪表柜上“空气-氮气”切换阀转向“空气位置”，开空气泵，压力保持在 0.2～0.3MPa 之间；安装喷嘴，检查装置密封性。

(2) 加注催化剂：称量 4kg 催化剂并过筛，调节转子流量计，将除反吹、模拟、雾化外的各风量都调节至最小值(注：不是关闭)。关闭油气管路上的球阀，将烟气管路上的换向阀切换至真空位置。开启真空泵和加剂球阀将催化剂吸入装置。

(3) 循环升温：关闭真空泵，加剂球阀，开启油气管路球阀并将烟气球阀切换至排空位置。将各风量调至正常开始冷态循环，各风量控制要求(主风为 0.8m^3/h，模拟雾化风为 120L/h，预提升为 40L/h，再生斜管为 40L/h，待生斜管为 40L/h，气升为 0.2m³/h，六个反吹风：汽提上、汽提下、提升管上、提升管下、再顶、反顶均为 0.2L/min)。冷态循环正常后可开始升温。

(4) 试验，当催化剂循环正常且装置各部分温度达到给定值时可进行标定。

试验准备：开启氮气总阀将其压力调至 0.2MPa，开启雾化泵、汽提水泵和制冷机、冷阱。将空气、氮气切换阀切换至氮气位置，油气烟气切换阀切换至计量位置，进料切换阀切至柴油位置。确认进油平稳后逐渐关闭汽提、模拟及雾化风，将进料切换阀切换至重油位置，将油气、烟气计量表切换阀切至计量位置。确认进油平稳后开始调节各点温度和其他参数使其达到设定值。

试验过程：当催化剂循环平稳且各点温度达到给定值时，进行实验标定，标定前将两级收油罐放空。标定开始由计算机控制系统完成，点击“标定”中的“开始标定”，同时切换油气收集阀到放空的收油罐，记录开始时油气、烟气计量表的初值。标定过程中可通过油气、烟气采样球阀来采集气样。

试验结束：当达到理想的反应时间(1～2h)，点击“标定”中的“结束标定”，同时切换油气收集阀使标定中收集的油罐不再有产物进入，记录油气、烟气计量表终值，同时收取二级收油罐中的生成油计量并送样分析。

(5) 停工步骤：试验结束后将进料阀切换至柴油位置，进柴油 10min 左右清洗进料系统。将汽提、模拟、雾化风调至正常流量并关闭油泵、汽提泵和雾化泵。上述过程结束 5min 后将氮气切换成空气并关闭氮气总阀。在计算机上停止流化、加热。上述过程结束后，将除模拟、雾化外的各风量调至最小，关闭电源、制冷器及冷却水，整理实验用具，打扫实验室，实验结束。

5.9.5 实验数据记录及报告

1. 实验结果

(1) 记录数据

原料油质量初、终值，干气表初、终值，烟气表初、终值，液体产物质量，反应温度，剂油比，催化剂种类等填入表 5-16 中。

表 5-16 提升管流化催化裂化产物分布

原料油种类		催化剂		反应温度/℃	
原料油		干气		烟气	
初值/kg	终值/kg	初值/L	终值/L	初值/L	终值/L
液体产物/g	组成:	汽油/%	柴油/%	蜡油/%	重油/%
总收率					

(2) 产物组成计算

气体产物质量计算：反应后的气体产物用气体状态方程将收集到的气体体积换算成质量。

$$pV=\frac{Y_1}{M}RT \tag{5-29}$$

式中　p——反应压力，取 1.013×10^5 Pa；

V——裂化气气体产物的体积，m^3；

M——气体产物的相对分子质量，按组成加权平均计算；

Y_1——气体产物的质量，g；

T——温度，取室温。

汽油收率：

$$Y_2=\frac{m_2}{m_0}\times100\% \tag{5-30}$$

柴油收率：

$$Y_3=\frac{m_3}{m_0}\times100\% \tag{5-31}$$

重油收率：

$$Y_4=\frac{m_4}{m_0}\times100\% \tag{5-32}$$

液体收率：

$$Y_5=\frac{m_1}{m_0}\times100\% \tag{5-33}$$

焦炭收率：

$$Y_6=1-Y_1-Y_5 \tag{5-34}$$

式中　m_0——原料油质量，g；

m_1——液体产物质量，g；

m_2——汽油质量，g；

m_3——柴油质量，g；

m_4——重油质量，g。

2. 实验结果精度要求

(1) 每次实验的物料平衡产物收率在 96%～100%。

(2) 平行样气体、汽油、柴油收率绝对误差不超过 2%。

5.9.6　思考题

(1) 小型提升管催化裂化装置进料部分为何要将油和水蒸气一起进料？

(2) 提升管反应段共有几个测温点？通常将哪个测温点视为反应温度？如何实现对反应温度的精确控制？

(3) 实验过程中如何调节油剂混合温度？

(4) 本实验可能引起物料不平衡原因有哪些？

(5) 提升管催化裂化反应过程中为何一直通入氮气，反应结束后又要切换至空气？

(6) 提升管催化裂化反应装置哪些部位最容易堵塞？

5.10 延迟焦化及产物精馏

延迟焦化主要目的是将高残碳的残油转化为轻质油，原料可以是重油、渣油甚至是沥青。炼厂通常以渣油为原料，在500℃左右的高温下进行深度热裂化反应和缩合反应，转变成为裂化气、汽油、柴油、蜡油和焦炭。延迟焦化是唯一生产石油焦的石油加工过程，具有转化深度高、处理量大、技术成熟、装置投资和操作费用低等优点。延迟焦化已发展成为重油轻质化的重要加工手段。

5.10.1 实验目的

(1) 掌握延迟焦化工艺的原理、主体设备和原料性质和产物分布；

(2) 了解原料性质对轻质油收率的影响；

(3) 掌握延迟焦化产物的分析方法。

5.10.2 原理和方法

延迟焦化具有操作连续化、处理量大、灵活性强、脱碳效率高的优点。延迟焦化是一种石油二次加工技术，是指以贫氢的重质油为原料，在高温(约500℃)进行深度的热裂化和缩合反应，生产富气、粗汽油、柴油、蜡油和焦炭的技术。所谓延迟是指将焦化油(原料油和循环油)经过加热炉加热迅速升温至焦化反应温度，在反应炉管内不生焦，而进入焦炭塔再进行焦化反应，故有延迟作用，称为延迟焦化技术。

渣油先经加热进入焦炭塔后再进行焦化反应的过程，是一种半连续工艺过程。一般都是一炉(加热炉)两塔(焦化塔)或两炉四塔，加热炉连续进料，焦化塔轮换操作。它是目前世界渣油深度加工的主要方法之一。原料油(减压渣油或其他重质油如脱油沥青、澄清油甚至污油)经加热到495～505℃进入焦炭塔，待陆续装满(留一定的空间)后，改进入另一焦炭塔。热原料油在焦炭塔内进行焦化反应，生成的轻质产物从顶部出来进入分馏塔，分馏出富气、粗汽油、柴油和重馏分油。重馏分油可以送去进一步加工(如作催化裂化、加氢裂化原料)也可以全部或部分循环回原料油系统。残留在焦炭塔中的焦炭以水力除焦卸出。焦炭塔恢复空塔后再进热原料。该过程焦炭的收率一般随原料油康氏残炭(CCR)的改变而变化，富气产量一般10%(质量分数)左右[气体产率(%)＝7.8＋0.144×CCR]，其余因循环比不同而异，但柴汽比大于1。

本实验原料为(1) 焦化原料油：减压渣油、减黏裂化渣油、热裂化焦油、催化裂化澄清油等。(2) 去离子水。

5.10.3 实验装置和仪器

1. 实验装置流程

延迟焦化及产物精馏实验装置的流程如图 5－17 所示。水罐中的去离子水和渣油罐中的渣油分别经水预热器和油预热器后进入加热炉，加热到相应温度后进入焦炭塔；经过高温裂解反应后，重组分进入高分罐（高压分离罐），轻组分在经过油浴冷却后进入低分罐（低压分离罐），气体产物在低分罐后收集；重组分和轻组分分别经过电磁阀进入重油罐和轻油罐。液相产物在精馏装置中进行切割，该精馏装置包括塔釜、精馏塔、冷浴、冷阱、产物罐等，可以实现常减压蒸馏，满足焦化液相产物切割的需要。

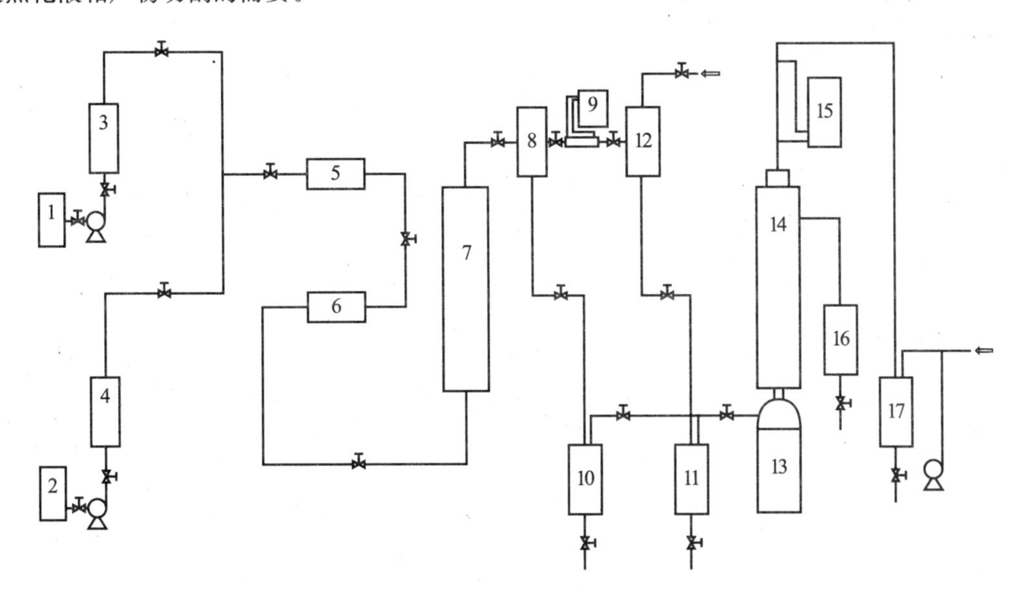

图 5－17　延迟焦化及产物精馏实验装置的流程图

1—水罐；2—渣油罐；3—水预热器；4—油预热器，5—混合预热器；6—加热炉；
7—焦炭塔；8—高分罐；9—油浴；10—重油罐；11—轻油罐；12—低分罐；
13—精馏塔釜；14—精馏塔；15—冷浴；16—冷阱；17—产物罐

2. 实验条件

（1）原料油流量：1kg/h；

（2）水流量：为原料油流量的 1%～3%；

（3）进料时间：2h；

（4）汽提时间：1h；

（5）焦炭塔温度：450～500℃；

（6）焦炭塔顶压力：0.1～0.2MPa。

3. 产物分析

（1）气体产物组成分析

分析气体产物的目的在于把气体分割成小于 C_5 和 C_5^+ 两部分，把 C_5^+ 部分归并到汽油馏分中去。分析气体产物分析采用气相色谱仪与色谱数据处理机联用，检测器为 FID，色谱柱：柱长 1.0m，柱内径 3mm 的填充柱；固定液为邻苯二甲酸二壬酯/有机皂土；6201 型红色硅藻土为担体。色谱分析条件如下。

载气：N_2，0.02MPa；

氢气：0.1MPa；

空气：0.02MPa；

柱箱温度：50℃；

检测温度：150℃；

气化室温度：150℃；

进样量：80μL。

(2) 液体产物组成分析

采用色谱模拟蒸馏法分析液体产物中汽油、柴油和重油的质量分数。用带有色谱工作站、模拟蒸馏软件的微机记录和处理色谱数据。色谱分析条件如下。

载气：N_2，流速：30mL/min；

柱温：35～360℃；升温速率：10℃/min；

气化室温度：360℃；

检测器温度：360℃；

进样量：0.3μL。

5.10.4 实验步骤

(1) 检查各阀门的开关状态及系统气密性。

(2) 开启电源，依次打开电子天平、显示器、计算机，进入装置微机控制系统。

(3) 渣油罐中加入实验所需的焦化原料，水罐中加入去离子水。

(4) 设置各设备及管路的加热温度进行预热。

(5) 待实验装置各点温度达到水的汽化温度后，开启水泵向系统内通水蒸气赶出系统中的空气及残留油气。控制水蒸气流量约 150～200g/h。

(6) 打开油浴循环，油泵电子秤清零，开启油泵进油。调节油泵保持原料流量在 1kg/h。调节水泵流量至原料油流量的 1%～3%。

(7) 实验过程中随时注意各点压力变化，防止因结焦而引起堵塞。反应平稳后，调节背压阀控制焦炭塔顶压力并收集气体。

(8) 进料 2h 后停止油泵进料。将水蒸气量扩大一倍，进行汽提。汽提至湿式气体流量计读数无变化时结束(约 1.5h)。关闭水泵结束汽提。

(9) 关闭各点加热。调节背压阀至大气压，放空未反应油气。记录放空后气体流量计读数和油进料量。

(10) 从重油罐和轻油罐中收集液体产物，称取液体产物总质量，加入精馏釜中进行常压蒸馏，切割出汽油馏分，称重。

(11) 继续进行减压蒸馏，切割出柴油馏分，称重。

(12) 关闭各点加热电源；关闭阀门和仪表显示；切断装置总电源。

(13) 待装置完全冷却后，打开焦炭塔取出塔内不锈钢内胆；打开内胆，清除焦炭；将清除下来的焦炭进行称重。

(14) 将除焦干净的内胆重新装回焦炭塔。

(15) 往装置中通水蒸气，检查装置气密性，确保装置密封完好。

(16) 往装置中通柴油，对装置进行清洗；往装置中通氮气进行吹扫。

(17) 关闭电源，实验结束。

5.10.5 实验结果记录和报告

(1) 记录实验条件：原料油流量，水流量，焦炭塔温度，焦炭塔顶压力等。

(2) 记录实验数据：气体流量，液体产物质量，汽油、柴油质量，焦炭质量等。

(3) 计算裂化气、汽油、柴油、重油和焦炭的收率。

(4) 计算延迟焦化反应的转化率。

(5) 进行延迟焦化反应的物料衡算。

5.10.6 思考题

(1) 延迟焦化工艺的主要原料是什么？

(2) 影响延迟焦化反应的工艺条件有哪些？

(3) 在原料油进料前为何要先通水蒸气？

(4) 如何保持焦炭塔顶压力稳定？

(5) 如何判断管路发生堵塞？如果发生堵塞，如何处理？

(6) 如何判断焦化反应的终点？何时结束汽提？

(7) 用本实验装置如何进行不同循环比下的操作？

5.11 量气法测定小呼吸损耗

油品“小呼吸”损耗发生在油品静止储存的过程中。日出之后，随着大气温度升高和太阳辐射的增加，储油罐内气体空间和油面的温度上升，气体空间的混合气体体积膨胀，而且油品蒸发加剧，从而使混合气体的压力增加，最终达到压力阀的开启压力，使压力阀打开，罐内混合气体排出。到了下午，大气温度降低，太阳热辐射减弱，罐内气体空间和油面温度下降，气体空间的混合气体压力下降，最终达到真空阀的开启压力，真空阀打开，新鲜空气吸入罐内，使气体空间内油气浓度降低，加速油品的蒸发。

5.11.1 实验目的

本实验用体积浓度法测定油罐的小呼吸损耗，这是测定蒸发损耗的方法之一。

(1) 通过实验研究油罐内部温度变化引起的小呼吸损耗的过程，了解罐内温度和油气浓度分布规律；

(2) 通过实测的蒸发损耗量来验证小呼吸损耗的理论计算公式，掌握油品蒸发损耗量的计算方法。

5.11.2 原理和方法

采用气体流量计直接测出油罐呼出气体的体积 Q，再用奥氏气体分析仪测量出气体中所含油品蒸气的浓度 c，测量得到油蒸气的密度 ρ，就可以通过公式(5－35)计算：

$$G=Q\times c\times\rho \tag{5-35}$$

计算蒸发损耗量 G。通过在油罐气体空间取三个测量点，在油品中取一个测量点来了解温度分布规律。根据气体空间中点温度和油气浓度的测定，利用小呼吸损耗的理论公式计算损耗量，并同实测结果进行对比。

本实验原料为汽油。

5.11.3 实验装置和仪器

1. 实验装置及示意

小呼吸蒸发损耗实验装置主要由模型油罐、奥氏气体分析仪、水浴、太阳灯、气体流量计等组成。图 5－18 为小呼吸蒸发损耗实验装置。图 5－19 为装置简易示意图。

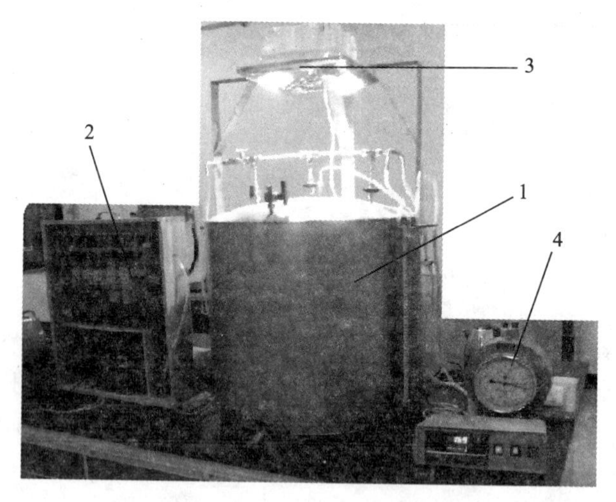

图 5－18 小呼吸蒸发损耗实验装置

1—油罐；2—奥氏气体分析仪；3—太阳灯；4—气体流量计

(1) 模型油罐

模型油罐采用全不锈钢制作，用于盛放实验用的油品，油罐直径 700mm，高度 720mm，体积在 260L 左右，配有上、中、下三个不同高度的取样口，取气口高度从罐底部算起，上部高度：620mm，中部高度：380mm，下部高度：130mm，取气口左右相距 200mm。上、中、下、油品内四个测温点高度从低到高依次为 60mm、130mm、380mm、620mm。各测点装有热电阻温度传感器，

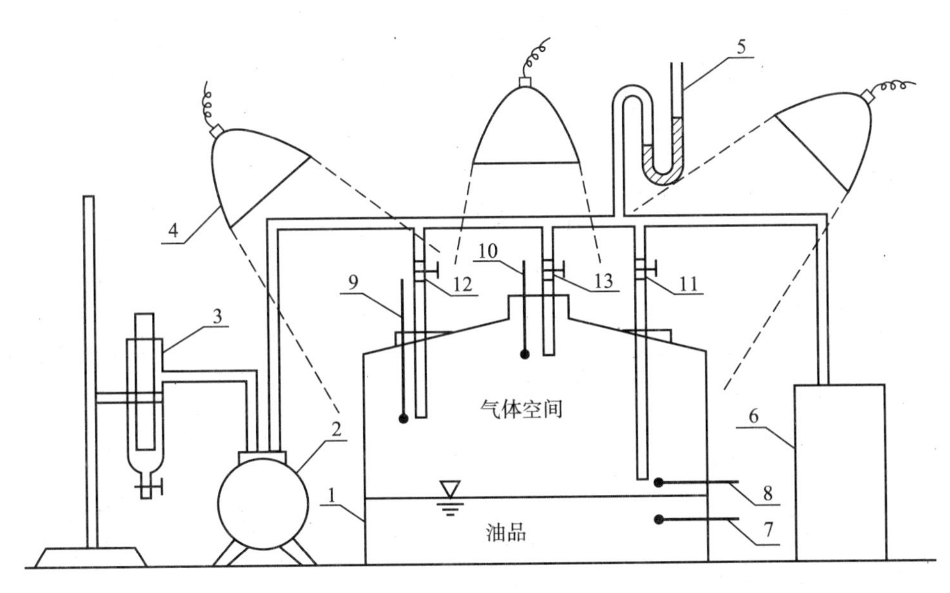

图 5-19　小呼吸蒸发损耗装置简易示意图

1—模型油罐；2—湿式流量计；3—液压呼吸阀；4—太阳灯；5—U 形压差计；6—奥氏气体分析仪；
7—油品边层温度计；8—气体空间底部温度计；9—气体空间中部温度计；10—气体空间顶部温度计；
11—气体空间底部取样考克；12—气体空间中部取样考克；13—气体空间顶部取样考克

并配有多通道温度巡检仪自动测量温度。另设有液压呼吸阀、压力计和液位计。取气口位置与气体空间中测温点位置相对应。

(2) 奥氏气体分析仪

奥氏气体分析仪主要用于分析各种气体的组分，在此用于测量油罐内部气体空间油气混合气的油蒸气。它主要由吸收瓶、量气管、水准瓶和梳形分配管组成，采用软胶管连接。

(3) 恒温水浴

恒温水浴主要用于给分析仪的量气管提供合适的温度。在分析终了状态时，气体空间的温度已经很高，高于室温 10～20℃，此时取出的油蒸气温度也很高，如果不将量气管的温度提高，由于混合气的热胀冷缩作用而导致气体体积变小，从而给分析带来较大的误差。

(4) 湿式气体流量计

湿式气体流量计用于计量油蒸气混合气，指针每转一周，气体流量为 2L，最小读数为0.1L。

5.11.4　实验步骤

(1) 装样

实验时，将实验油品(汽油)从装样口装入，直到液位计的标记线，油品体积大约为 65L。

(2) 多通道温度巡检仪的连接

温度场探针装有 4 个不同位置的热电阻，分别用于测量下部、中部、上部气体空间和罐内油品的温度。探针从油罐上部传出，并通过导线连接到多通道温度巡检仪。

(3) 奥氏气体分析仪准备工作

准备:分析仪使用前应使吸收瓶内的煤油界面位于 0-0 标记线处，为此关闭奥氏气体分析仪的考克 5，打开考克 6 使量气管接通大气，然后提高水准瓶，使封液压入量气管，从而排走其内的气体。当量气管内液面上升到一定高度后，关闭考克 6，打开考克 5，并缓慢下降水准瓶，随着量气管内封液的下降，煤油液面上升，调节水准瓶的位置，使煤油液面上升到 0-0 标记线处，关闭考克 5。

冲洗:打开考克 6 接通大气，提高水准瓶使量气管内废气排到大气中去，再旋转考克 6 使量气管与油罐连通，打开取样考克，使气体空间与量气管相通，这时应缓慢降低水准瓶，采取 100mL 试样冲洗梳形分配管，取一次样冲洗一次，冲洗完将废气排入大气。

取样:随后开始正式取样，如果从量气管上读出取样刻度为 100mL 时，考虑到梳形分配管的死角体积(3.5mL)，那么取样体积实为 103.5mL，为使量气管内压力与大气压力相等，应将水准瓶内液面与量气管内液面取齐，并在量气管中液面保持稳定后，再关闭考克 6。

(4) 操作注意事项

在煤油吸收过程中，严格防止煤油和水进入梳形分配管，因此上下移动水准瓶时应缓慢。在测量分析前后气体体积时，应使煤油液面都在 0-0 标记线处，同时应在同一个大气压下测量。在抽吸油罐气体空间气样进行浓度分析时，应缓慢降低水准瓶，并在液面稳定后进行读数。打开太阳灯进行初始状态浓度分析时，要求在所记录的温度下进行分析，因此应较快地进行取样冲洗和分析。在分析终了状态的气体浓度时，应打开循环水，循环水的温度可以调整到假设的终了状态的某一数值，一般可取 25～35℃。

(5) 恒温水浴准备工作

恒温水浴温度的设定:可以根据实验及周围温度情况，将恒温水浴温度调整到假设的终了状态的某一数值，终了状态可参照中间测温点的温度变化来确定。如实验开始时中间测温点的温度为 15℃，终了状态可取 25～35℃，一般一个实验过程为 3h 左右，中间测温点的温度变化为 10℃左右。

(6) 小呼吸测试

利用 $G=Q\times C\times\rho$ 公式计算小呼吸消耗量时，要用到 Q、C、T、ρ 这些参数。为了测定这些数据，具体实验步骤如下。

首先，测定原始状态即未呼出气体时罐内温度、压力和浓度。在未打开太阳灯前，依次从温度巡检仪读出油气空间上、中、下及油品的温度 t_0 值，并从压差计读出罐内压力 p_0，同时用奥氏气体分析仪从罐内三个点的气样进行分析，分别求出三个点的浓度 c_0。

然后，打开太阳灯进行加热，注意罐内温度、压力变化。当压力达到某一数值时，从呼吸阀冒出第一个气泡，认为此时为起始状态。记下气体流量计的读数 Q_1，这时应马上记录油气空间上、中、下及油品的温度 t_1 值和罐内压力 p_1 值。同时马上采取该状态下的中点气样进行浓度分析，求出 c_1。

最后，当气体空间中点温度达到某一数值时，假定此时为呼出终了状态。读出气体流量计的数值 Q_2，这时应马上记录油气空间上、中、下及油品的温度 t_2 和罐内压力 p_2。同时马上采取该状态下的中点气样进行浓度分析，求出 c_2。

将奥氏气体分析仪分析测得的数据输入计算机可快速计算出油气空间三个测点的油气浓度 c_0、c_1、c_2 值。

5.11.5　实验结果记录与报告

将实验数据依次记录于表 5－17。

表 5－17　小呼吸实验数据记录

	项目	0	1	2
油品和油气空间温度	$t_{油}$/℃			
	$t_{下}$/℃			
	$t_{中}$/℃			
	$t_{上}$/℃			
压力	p/mmHg			
流量	Q/L			
气体体积变化量	$\Delta V_{下}$/mL			
	$\Delta V_{中}$/mL			
	$\Delta V_{上}$/mL			
液封温度	$t_{下}$/℃			
	$t_{中}$/℃			
	$t_{上}$/℃			
冲洗取样次数	N			

浓度计算如下：

(1) 分析仪分析后的油气浓度 c：

$$c=\frac{\Delta V}{V_1}+\frac{p_s+p_m}{p_a}\times\frac{V_2}{V_1} \tag{5-36}$$

式中　V_1——取样体积；

V_2——剩余体积；

ΔV——气体体积变化量，$\Delta V=V_1-V_2$；

p_a——当地大气压；

p_s——水的饱和蒸气压；

p_m——煤油的饱和蒸气压。

(2) 实测损耗量 G_1 的计算：

$$G_1=Q\overline{\rho}\,\overline{c}+\Delta Q\overline{\rho'}\,\overline{c'} \tag{5-37}$$

式中　Q——油罐呼出的气体体积；

ΔQ——冲洗和分析完排入大气的体积；

$\overline{\rho}=(\rho_1+\rho_2)/2$——起始状态和终了状态油蒸气密度的平均值；

$\overline{c}=(c_1+c_2)/2$——起始状态和终了状态油蒸气浓度的平均值；

$\overline{\rho'}=(6\rho_0+2\rho_1+2\rho_2)/10$——原始状态和终了状态油蒸气密度的平均值；

$\overline{c'}=(c_0+c_1+c_2)/10$——原始状态和终了状态油蒸气浓度的平均值；

$$\rho=M_y p_a/(RT)$$

式中 M_y——油品的相对分子质量；

R——通用气体常数；

T——绝对温度。

(3) 理论损耗值 G_2 的计算：

$$G_2=V\left[(1-c_0)\frac{p_0}{T_0}-(1-c_2)\frac{p_2}{T_2}\right]\frac{\overline{c}}{1-\overline{c}}\frac{M_y}{R} \tag{5-38}$$

式中 V——油罐气体空间体积。

实验结果报告和精度要求如下：

计算相对误差为

$$\delta=\frac{G_1-G_2}{G_1}\times100\% \tag{5-39}$$

5.11.6 思考题

(1) 实验条件下，要克服模型油罐的小呼吸损耗应设计一个多大压力的液压呼吸阀？

(2) 如何确定罐内油蒸气的饱和浓度？

(3) 根据实验原理推导出油蒸气浓度 c 的计算公式。

参考文献

[1] 林世雄. 石油炼制工程. 3版. 北京:石油工业出版社,2000.

[2] 沈本贤,程丽华,王海彦,等. 石油炼制工艺学. 北京:中国石化出版社,2009.

[3] 石油产品标准化技术归口单位. 石油和石油产品试验方法国家标准汇编. 北京:中国标准出版社,1998.

[4] 杨旭武. 实验误差原理与数据处理. 北京:科学出版社,2009.

[5] 朱中南,戴迎春. 化工数据处理与实验设计. 北京:烃加工出版社,1989.

[6] 梁汉昌. 石油化工分析手册. 北京:中国石化出版社,2000.

[7] 中国石油化工股份公司科技开发部. 石油产品行业标准汇编2010. 北京:中国石化出版社,2011.

[8] 中国石油化工股份公司科技开发部. 石油产品国家标准汇编2010. 北京:中国标准出版社,2011.

[9] 中国石油化工股份公司科技开发部. 石油和石油产品试验方法国家标准汇编. 北京:中国标准出版社,2011.

[10] 石油化工科学研究院. 催化裂化工艺分析方法汇编. 北京:中国石化出版社,1993.

[11] 陈绍洲,常可怡. 石油加工工艺学. 上海:华东理工大学出版社,1997.

[12] 石油化工科学研究院. 石油及其产品标准分析和实验方法(一). 北京:技术标准出版社,1980.

[13] 石油化工科学研究院. 石油及其产品标准分析和实验方法(二). 北京:技术标准出版社,1980.

[14] 中国石油天然气集团公司安全环保与节能部. HSE管理体系基础知识. 北京:石油工业出版社,2012.
[15] 李文华. 石油工程HSE风险管理. 北京:石油工业出版社,2008.
[16] 刘虎威. 气相色谱方法及应用. 北京:化学工业出版社,2000.
[17] 梁汉昌,谭桂秀,戴佩义,等. 用毛细管气相色谱法测定胜利汽油的辛烷值. 色谱,1994,1(2):128-130.
[18] 四川石油管理局天然气研究所301组. 分子筛吸附分离直馏汽油馏分正构烷烃. 石油与天然气化工,1991,20(3):1-6.
[19] 周良模等. 气相色谱新技术. 北京:科学出版社,1994.
[20] 沈本贤,刘纪昌. 基于分子管理的石脑油资源优化利用[C]//中国工程院化工、冶金材料工程学部第五届学术年会论文集. 北京:中国石化出版社,2005.
[21] 张承聪,孙敏. 高分辨气相色谱法快速测定汽油辛烷值. 云南大学学报:自然科学版,1999,21(4):291-293,296.
[22] 石油三厂《催化重整》编写小组. 催化重整. 北京:石油化学工业出版社,1977.
[23] 瞿国华. 乙烯蒸汽裂解原料优化. 乙烯工业,2002,14(4):61-65.
[24] 沈本贤,刘纪昌. 吸附富集的石脑油中正构烷烃裂解制烯烃效果研究[C]//中国石油学会第五届石油炼制学术年会论文集. 北京:中国石化出版社, 2005.
[25] 梁朝林,沈本贤. 延迟焦化. 北京:中国石化出版社,2007.
[26] 李春年. 渣油加工工艺. 北京:中国石化出版社,2002.
[27] 张浩,关旭,李景艳. 延迟焦化装置掺炼大庆裂解焦油的研究. 石油炼制与化工,2007,38(12):20-22.
[28] 梁朝林,沈本贤,吴世逵. 延迟焦化试验装置的改进研究. 茂名学院学报,2007,11(1):1-4.
[29] 姚坚刚,瞿滨. 延迟焦化装置能耗分析与优化. 齐鲁石油化工,2007,35(4):279-282.
[30] 王立新. TLC/FID法分析重油族组成的误差来源及对策. 现代科学仪器,2008(3):80-82.
[31] 刘四斌,田松柏,刘颖荣,等. 渣油四组分含量预测研究. 石油学报:石油加工,2008,24(1):95-100.
[32] 康勇. 储油罐小呼吸损耗机理研究. 天然气与石油化工,2004,22(3):32-37.